破格

强者思维与人生跃迁

白辂 | 著

机械工业出版社
CHINA MACHINE PRESS

本书从七个方面介绍了人生三十岁之前，应该培养的“现实解读力”与“欲望驾驭力”，以立足多个视角，认知自我、觉知自我、管理自我，升级思维并有效实践，在与高手过招中，实现个人发展和人生跃迁。

图书在版编目（CIP）数据

破格：强者思维与人生跃迁／白辂著．—北京：机械工业出版社，2020.6（2020.9重印）
ISBN 978-7-111-65761-3

Ⅰ.①破…　Ⅱ.①白…　Ⅲ.①成功心理-通俗读物
Ⅳ.①B848.4-49

中国版本图书馆CIP数据核字（2020）第094552号

机械工业出版社（北京市百万庄大街22号　邮政编码100037）
策划编辑：梁一鹏　　　责任编辑：梁一鹏
责任校对：张玉静　　　封面设计：陈姿男
责任印制：孙　炜
北京联兴盛业印刷股份有限公司印刷

2020年9月第1版第2次印刷
145mm×210mm·10印张·3插页·179千字
标准书号：ISBN 978-7-111-65761-3
定价：68.00元

电话服务
客服电话：010-88361066
　　　　　010-88379833
　　　　　010-68326294

网络服务
机　工　官　网：www.cmpbook.com
机　工　官　博：weibo.com/cmp1952
金　书　网：www.golden-book.com
机工教育服务网：www.cmpedu.com

推荐序

踏入社会的前15年是一个人事业发展的黄金期，对于大多数人而言，这个阶段充满了机会与选择，也充满了迷茫与不确定性。受各种条件所限，很多人在校园当中并不具备相对完整的社会化体验，因此在还没做好心理准备与人生规划的状态下就匆匆启动了自己的职业生涯。在这人生的黄金阶段，事业的打拼成了我们人生的必修课，同时很多人还需要在这些年完成家庭的构建，下一代的抚育，启动单个角色到多个角色的转换。似乎人生中80%的重要任务，都被密密麻麻地安排在了这不到20%的人生里，纵使拼命向上，也少不了几个踉跄。那么，如何用正确的思维规划这些年的生涯，则是至关重要的——我们应对事物的态度与方法，十字路口的关键决策，都极大地影响着我们的后半生。

在我创办猎聘之前，移动互联网还不像今天这么普及，大量的优秀人才一方面没有足够的精准信息帮自己找到那条最适合的职业发展路径，另一方面也没有足够优质的平台为自己提供足够满意的中高端岗位。更好的人才匹配更好的服务，才能让他们的优势落在能够让优势最大化的位置，于是我创建了猎聘，为求职者、企业、猎头之间搭建互动的平台。在猎聘的招聘生态中，针对个人用户的服务贯穿求职者整个职业生涯。我一直提倡，人人都该有自己的猎头顾问，这样在面临职业选择和困惑的时候才能够获得更加有效的引导，从而在对的时间、对的地点做出对的决策，为自己铺就一条更加宽广的道路。

可喜的是，在当下这个时代，媒介越来越发达，越来越多的人可以打破地理环境的藩篱，通过更加丰富的信息了解自己、评估自己，寻求更适合自己的事业发展路径，同时也可以转换身份，从信息的汲取者变为信息的分享者。越来越多的人通过文章、视频等方式分享自己的职业见解，帮助他人。在诸多的优质博主之中，白辂是非常特别的一位，她对问题的分析并不仅仅停留于感知层面与理论层面，而是能够穿透现象看本质，帮助更多人从本质上剖析自己、剖析世界、从而更加准确、高效地为自己做出生涯规划。好的内容绝对不乏慧眼识珠的关注者，白辂的视频号吸引了各行各业的优质人才，甚至不乏大量的企业管理者与企业创办者，可谓优秀的内容协助优秀的人才创造了优秀的价值。然而，白辂不止于此，她借由这些年的所见所思以及各式人才的成长案例，输出了一套深度的、客观的、行之有效的体系化理论，并以书籍的形式给大家带来更具有长期指导性的价值。毫不夸张地说，这是近年来一本难能可贵的关于生涯规划的好书。观点犀利直切要害，视角独特紧贴现实，更重要的是，展示了很多同类书籍从未提及的底层逻辑。

阅毕本书，对很多章节的印象都颇为深刻。本书中很多同类书籍未曾提出过的概念，让大家能够更加迅捷地抓住自己生涯规划的重点，同时也让大家明白该如何提升那些潜藏在冰山之下的软素质。譬如心力的概念是很多职场书籍未曾提及的，但是一个人想要获得更大的事业成就，则必须修炼出一颗充满力量的“大心脏”；譬如意义解读法，当下这个时代人们总是被过多的物质所包围，被消费主义所裹挟，从而构成了意义感的中空，但是意义感之于个人奋斗，是源源不断的能量来源，也是构成人生幸福感的必要组成部分；譬如决策中的自我觉知，欲戴王冠必承其重，每一份艰难的成就都必然伴随着不为人知的压力，当我们在压力与焦虑中做决策时，很容易出现失误，自我觉知的概念对于很多决策层的人士有着巨大的帮助，可以在失误发生之前感知自身的变化，防患于未然。本书关于思维模型的章节也十分有价值，很多职场人并不具备一个完备的思维模型工具箱，从而导致自己的所思所行机械化、随性化，无法有效地将自己的工作做到极致且持久。而书中提供的多种思维模型，能够使我们的工作更加有的放矢，卓有成效。

如果你此刻还是一个新晋职场人，这本书能够让你提前看清事业发展的本质，更早地找到适合自己的职业路径。如果你已经在职场奋斗多年，这本书将会帮你从一个更加深层的视角梳理自己的奋斗历程，让自己职场的下半场走得更扎实、更长远。白辂作为一个多年的企业经营者，通过大量真实的案例与实操建议，给大家提供了一些可行性很强的精进思路。书中很多知识都是在普通的职场环境中难以直接获取的，能够给很多奋斗中的职场新人积极向上的思考空间，也会给很多中高端人才更富有想象力的人生期待。

简而言之，这是一本关于生涯发展的指导手册，能让你为自己的高预期寻觅到一片肥沃的生长土壤，同时，会帮助你构建一个更加广阔的世界观，从更为宏观的视角看到自己的向上路径。通读整本书你会发现，它关乎事业，又不仅仅停留于事业。它更像一套自我成就的心法，让人通过正确的思维框架更加高效地投入实践，从而赢得属于自己的理想人生。

戴科彬

猎聘创始人兼 CEO

自 序

奋斗的这些年，你是否思考过，自己的思维观念是否顺应这个世界的规律？

作为一名视频博主，我每周都会在视频网站的直播当中回答超过300个关于个人发展的问题。日积月累，答过的题目数以万计。大多数时候，人们都渴望解决一些已经发生的具体问题，但是很少有人更为前瞻性地考虑：在漫长的人生当中，成为一个能成事的人需要构建哪些思维观念，符合哪些社会规律？

如果我们已经付出了巨大的努力，却发现实现目标格外费力，那么，我们也许应当站在更大的空间中审视自己，过去形成的奋斗观念与这个社会的既有规律是否吻合，为何有些人看似轻松就能实现目标，而有些人付出大量的努力依然难以脱颖而出。

勤奋、吃苦的态度固然可贵，但是脱离了社会规律的奋斗亦如逆水行舟，事倍而功半。那些成功者的血泪史总是被人津津乐道，但若是拉开时间与空间的距离远观就会发现，所谓的成功者往往是在正确的时间、正确的地点，用正确的方法做了正确的事。他们有意无意地与社会规律站在了一边，从而借力发力，能够比他人更快、更多地获取社会发展所带来的红利。

除了社会规律，更为底层的，则是看透我们自己的规律：他擅长演讲，我擅长画画；他擅长数学，我擅长英语；他睡四个小时就够，我睡八个小时才能精神饱满。世界上的每一个个体之间都存在着巨大的差异，所以即便是大家走在相同的路径上，最终也会抵达不同的目的地。因此，唯有深刻洞察自己的规律，才能在发展的过程中走对路径，将个人优势发挥到极致。

脱离校园进入社会若干年，我们会自然而然地看到人与人发展周期的差异性。有些人名校毕业却高开低走，难以延续人生的辉煌，有些人早年资历平平，却能通过几次折腾改变命运。后者比前者多的，并非是智商、努力、家庭背景，而是对于社会规律与自我规律的深刻洞察与知行合一。然而很少人有机会意识到这是人生快速发展的重要诀窍。

很长一段时间以来，富人思维、穷人思维的理论大行其道，仿佛出身定终身，但是这种粗暴的二元概念对于人的实际发展并没有足够的指导意义。在进入社会的这些年中，我看到很多出身普通的人不仅获得了很好的发展，而且突破束缚，连续通关。他们甩掉了教条化的奋斗观念，也摆脱了原生家庭存在的认知桎梏，在自我规律与社会规律的碰撞中构建了一套关于如何把事做成的思维框架。这些框架贴合现实与实际，因地制宜，让他们具备了一种做什么成什么的能力。

然而这些思维框架并未广泛传播，因为它们往往并非刻意练成，而是在重复地把事情从 0 到 1、从 1 到 100 做成的过程中自然形成的。人磨事，事磨人，我们在持续解决问题的过程当中，会因为屡次成功地解决问题而将自己的思维塑造得更加高效，形成一种善于将事情做成的思维框架。在本书当中，我将会系统地阐述如何顺应规律，构建成事的思维框架。

全书七章内容，既有他人经历的复盘，也有实操方法的总结，能够让我们系统地将他人的成功经验迁移到自己的认知中，形成一个相对完备的成事的框架。如果我们能够将该框架在实践当中反复运用，将会大幅提升我们做事的“内力”，同时在面对比自己更高阶的合作者时，将会有一套与之平行的思维系统，站在更高的格局上为自己创造机遇。

希望本书可以帮你成为一个优质的思维框架搭建者，当潮涌般的信息涌入大脑时不再迷茫，而是能够快准狠地找到一个正确的方向，比他人更快看到优势、占据优势、积累优势，实现人生跃迁。

目录

CONTENTS

01

第一章

用强者的视角解读现实

01
接纳现实的不确定性

你有强大的心力吗？

在上拳击课的时候，教练反复告诉我们，核心是稳，这样才能够挡得住猝不及防的攻击，也能在向外攻击的时候相对稳定，增加攻击的有效性。小时候为了强身健体，被父母送去学武术。第一个月里几乎每天都要花大量的时间蹲马步，烈日炎炎下一直保持同一个动作，汗流浃背，感觉自己就像麦田里的稻草人，枯燥极了。我们实在忍不了就对着老师嚷嚷，能不能来点武侠片里的绝招学学，谁跟人打架一直蹲着啊！老师大手一挥，指着我们的脑门儿说："小孩儿就是没耐性，再强的高手都要首先做到稳啊，就算你有降龙十八掌，对外发功的时候先把自己给打飞了，岂不是丢人丢到家了？"

后来也没有学到什么少林绝学，只是打架的时候拳头更硬了。长大后再想起老师的这句呵斥，倒是觉得更有参考意义。想想自己，刚进入社会的前几年总是心浮气躁，老想着走走捷径。后来才发现，在这个社会上，不管是进取还是防守，稳才是硬道理，唯有稳了，各项功夫才能拿捏得恰到好处。稳是什么呢？

稳，是一种强大的心力。

"心力"这个词作为"自信心"的拓展形态，这些年被越来越多的人运用。我们往往会说，某企业家心力很强，隐忍厚重，终成大业；某运动员心力很强，追金夺冠，有王者风范；某专家心力很强，攻坚克难，让所属领域跨步向前。但一个词愈是含义丰富，则愈缺乏准确性，愈像一个过度抽象的概念。为了更好地理解这个概念，我列一些强大心力所体现的特征：

对目标很笃定，对负面的外部因素有较强的免疫力；

能够快速消化失败，用更好的状态劫后反弹；

不被焦虑控制，大多时候都能保持相对平静的状态；

活在理性的框架内，做重大决策时能够深思熟虑；

有勇气落实艰难的决定，不因情绪摇摆而搁置；

目光长远，不易被当下的诱惑过度干扰；

……

如果你的行事方式与上述特征接近，证明你是一个心力较强的人，做什么事都更容易成功。但是大多数人都在修炼心力的路上，或者还未找到这条路的入口。心力强弱与人生的成就大小和幸福颇有关联。假如人生是一段状况复杂的漫漫长路，心力强的人与心力弱的人更像是两种性能的车，前者比后者底盘更稳，操控性更强。虽然两者都可以上路，但是在面对复杂的路况时，前者更容易以更稳定的状态抵达更远的地方。随着成长，我们每个人的心力强度也在不断提升，这个过程是“个人性能”增强的一个过程，以前令我们颇感压力与痛苦的事情，在经历了相当的阅历之后就变得更容易逾越了。一方面是因为经验的增长，另一方面则是因为我们的心力强大了，内在的稳定性让我们面对变化的时候更加游刃有余。

可见心力并非是一成不变的，而是可以有增长也可以有损耗的。当阅历成为经验之后，我们的心力就会在这个领域有所增长，越来越能展示出自己强大有力的一面；当我们面对事物没有足够的认知与控制力时，心力就会被消耗，进而让我们整个人的状态都羸弱不堪。心力的强与弱，不仅体现在我们自身当前的心理素质上，也体现在当前所面临事物对我们的影响上。

是什么在损耗我们的心力?

《六祖坛经》中记载：“时有风吹幡动。一僧曰风动，一僧曰幡动。议论不已。惠能进曰：不是风动，不是幡动，仁者心动。”

六祖惠能流浪到一地，听见一僧道“是风吹着幡动”，又听一僧说“幡动而知风吹”，惠能却道：“不是风动，也不是幡动，而是心动。”

这个场景中所体现的，就是外物对于我们心力的影响。我们看到外界变化的时候，会沉浸在这种变化当中，内心生出一圈圈的涟漪，进而也会扰动我们此刻所思所做的事情。

因此，我们想要让心力饱满，给自己带来稳定感，最重要的事情就是降低外部事物的不确定性对我们内在的侵扰。你是否经历过如下场景：

努力复习考试，但是常常担心自己考不好，甚至焦虑到无法入睡。

刷朋友圈看到别人家的海景别墅，再看看自己的斗室，瞬间对于未来更加失落、迷茫。

买了一只持续看涨的股票，结果刚买就下跌，好怕钱都亏掉，于是忍痛割肉！结果刚卖又涨回来了！

交到了一个优秀的男朋友，但是总担心他背着自己喜欢其他人，每天不得不查一次他的手机才满意。

昨天给老板提交了项目计划，结果今天他进公司的时候阴着脸，没有跟我打招呼。是不是对我的工作不满意？

某人答应给我推荐工作，结果简历递出去很久都没有结果，早知道他这么耽误事儿就不相信他了！

这些类似的场景都在消耗甚至压榨我们的心力。对不确定性的恐惧和对确定性的盲目倚赖都会让我们变得情绪化，一旦进入焦虑、恐惧、失落、悲观等负面情绪，我们就会不可避免地变得脆弱，进而无法用强有力的心智来做好当下，铺垫未来。

因此，有些人为了避免不确定性给自己带来的负面影响，会极端地厌恶风险，所有决策都以低风险为首要标准，借此保全自己的安全感。但安全感未必能带来高收益，随着他们一次又一次地进入最低风险的选项，会不得不丧失大量真正有价值的机会，慨叹为什么低风险与高收益总是难以兼容。

中国有句古话叫作“富贵险中求”，字面意思是高风险带来高收益。但是之所以能够求得富贵，实际上是穿越了三个阶段的。

第一个阶段，接纳任何机会的收益都存在不确定性。这个阶段会过滤掉畏惧风险的人。比如，看到只有少数人才能成为作家，于是放弃了写作；看到只有少数人做生意能赚到钱，于是放弃了尝试做生意；看到只有少数人能通过某项国家考试，于是放弃了去考试。在第一个阶段，不接纳不确定性的人会被首先过滤出竞争环节。

第二个阶段，在争取机会的过程当中不断寻求确定性，降低实现目标的风险。比如，某项考试只有 10% 的通过率，那么你必须很努力，才有更大的确定性进入前 10%。比如，我们熟悉的股神巴菲特，他长期处于大多数人看来风险很高的二级市场当中，但是他始终坚持在自己的能力范围内做选择，不做自己看不懂的事，这就是在高风险环境下严格控制风险。

第三个阶段，不因为不确定性的存在而中途放弃，且充分用实力占据了确定性的人，赢得了“富贵”。这个过程就像从矿石当中找金子，一方面要接受有时候找不到金子的情况，另一方面要让自己有一双慧眼能够发现金子。真正的强者，不仅对不确定性具备高度的接纳能力，也对确定性有极强的把握能力。对不确定性的接纳能力则是保持心力强大、稳定的前提条件，也是提升心力的关键。

认知事物的两面性

“这个世界，强者做猎人，弱者做韭菜[㊀]。”

卡卡坐在我面前，冷漠地说出这句话。常年的二级市场交易经历，让他对不确定性有了深刻的洞察，他能很好地管理事物的不确定性对自己情绪的扰动，而这种扰动带来的副产品，

㊀ 韭菜：泛指在投资市场中，无法做出合理决策从而导致投资亏损的人群。

则是此刻的冷漠。

“二级市场上，任何机会都是具有不确定性的，如果你单纯依靠消息，就无法控制风险，所以你一定要依靠自己的判断，通过确定性的判断来控制自己的行为，不能因为恐惧而在不该放弃的时刻放弃，也不能因为贪婪而在不该留恋的地方留恋。”

“所以你只相信自己？”

“利弗莫尔[1]说，如果打算在这一行谋生，你必须相信自己，也相信自己的判断。我对他所说的深深认同，如果我买入靠别人的信息，那我卖出也得依赖它，我就无法把握这中间的不确定性。”

“你说的韭菜，不也相信自己吗？”我笑道。

“所谓韭菜，就是对不确定性的理解能力为零的生物，他们不相信市场规律，只相信自己的情绪以及情绪当中滋生的‘观点’，但市场不会因为你的情绪而增加任何一点仁慈。上涨的时候不控制风险，一路杀进去，下跌的时候又陷入恐惧当中，不能理性分析风险，纷纷割肉逃跑。他们在控制自己人性的弱点方面毫无意识，永远都沉溺在对确定性的迷恋和不确定

[1] 杰西·劳里斯顿·利弗莫尔（Jesse Lauriston Livermore，1877—1940），美国著名的股票投资家，二级市场交易领域的先驱人物。

性的恐惧中，最终用自己的本性兑现了自己的亏损。”

“就像是一枚硬币，”卡卡拿起桌上一个瓶盖比画了起来，“所有的硬币都有两面，一面代表机会，一面代表风险，无论我抛多少次，每次都会有 1/2 的概率是风险面朝上，1/2 的概率是机会面朝上。但是韭菜的思维不是这样的，如果连续三次看到机会面朝上，他们就会认为第四次也是机会面朝上。本质上，第四次哪个面朝上，并不是由前三次决定的。”他笑了笑问：“可能有一个面的硬币吗？”

“当然没有。”

“是啊，显而易见的常识。可是在韭菜的心里，他们只接受机会面，不接受风险面。机会来的时候不控制风险，风险来的时候不分析机会。在他们的心里，所有的硬币都是单面的，而单面的硬币存在吗？存在于韭菜的想象中吧。”

在卡卡的工作当中，他的决策对赚钱有最直接的影响，因此如何做出正确的决策是他最重要的事。一方面，他会尽量少地做出决策，另一方面，一旦做出决策，一定是有深思熟虑做铺垫的。他的话虽然有点“毒舌”，但是也传递了一个适用于任何事物的道理。那就是任何事物都如同硬币一样，只要有正面，就会有反面，每一次抛出的结果都会有与我们预期相反的可能。人们之所以焦虑、恐惧、盲目乐观，是因为他们只想要一枚永远讨好自己的单面硬币。

聚焦于那些真正可控的因素

我们常常用“缘”来解释结果的不确定性与小概率事情的稀缺性：

情侣因为种种原因无法在一起，我们会说，你们俩没有缘分。

争取了很久的岗位突然不招人了，我们也会说，自己和这家公司没有缘分。

两个原本背景悬殊的人成了至交，我们也会说，你们俩真是好有缘分。

缘是一个很“中国风”的意境，在我们的语境里，常常用以诠释一种命中注定的浪漫情感。在失意的时候，“缘”用来说服我们平和地接纳事物的不确定性；在得意的时候，“缘”用来提醒我们珍惜小概率事情当中的幸运。但正因为缘的意思模糊不清，并且带着一层浪漫的薄纱，所以我们很少真正地抽丝剥茧，探究它的存在到底给我们带来了什么。

塞涅卡[一]说过，**智者凡事不在意结果，而在意所做的决定**。这句话乍一看像是废话，既然不在意结果，那又何必做

[一] 塞涅卡（Lucius Annaeus Seneca，约公元前4年—65年），古罗马政治家、哲学家、悲剧作家。

呢？但是仔细想想，如何做出决定以及执行决定是我们能做的事，而结果一旦产生，就会成为当下我们无法改变的事。

我们复习以备期末考试，希望把成绩从 60 分提升到 80 分，结果考试成绩是 79 分。这个 79 分就是我们拿到成绩的当下无法改变的事，但是也因为做出了提升 20 分的决定，才让我们有了 19 分的进步。

我们制订公司的年度计划，希望把公司的业绩从 500 万提升到 1000 万，但是通过努力最终只实现了 800 万。那么 800 万这个结果，是我们当下无法改变的事，但也因为我们做出了提升 500 万的决定，才让公司有了 300 万的进步。

在这些事情当中，结果只是结果，没有任何作用，真正发挥作用的是我们是否做出了正确的决策，以及对这个决策做出了何等的坚持。

塞涅卡的这句话思辨而富有力量。我们很多时候被痛苦、焦虑、拖延所裹挟，往往是因为站在了这句话的反面：凡事不在意决定，而在意结果。不经过慎重调研，随着大流选了职业，却期待这份职业能带来快乐与收益；不经过仔细考量，一时冲动选了伴侣，却期待这位伴侣能带来美好与幸福；不经过理性分析，跟风做了投资，却在 K 线的上上下下中期待稳赚的奇迹发生。

我们做决定的时候受欲望驱动，回避现实、疏于调研、盲目跟风，而等到我们要为结果买单的时候，却因为当初的错误决策痛不欲生，然而痛苦对结果于事无补。所以塞涅卡这句话是智慧的、警醒的。

“缘”在我们的语境中被普遍地使用着，因为它始终在帮助人们理解事物的变化存在不确定性，我们需要珍惜幸运，也需要接纳那些不得不面对的不完美。

不平常的人才有平常心

如下两种情况，哪种更能体现一个人的自信？

A. 在做任何一件事情之前都信心满满，如果失败了，继续信心满满地做另一件事。

B. 尽力做了一件事，如果失败了依然接受，在不断改进当中坚持把它做成。

当然，对于做事情很容易焦虑、忐忑的人而言，第一种自信的状态也值得羡慕，因为这种自信像是火柴，可以走哪儿亮哪儿。但是第二种自信更像是冰山，虽然水面上的部分不起眼，水面下的部分却深沉厚重。我更欣赏第二种自信，因为自信的最高级，不是无条件地相信自己，而是在各种不确定性当中始终拥有一颗平常心。

也许有人会说，平常心，不是人人都有吗？难道不是每个平常人都有一颗平常心？

那么让我们看看下面这些平常的行为，这些行为有多平常，平常心就有多难得：

一焦虑就去烧香拜佛，希望神秘力量替自己解决无法解决的事。

只相信自己愿意相信的，不相信自己不愿意相信的。

只希望别人包容自己的缺点，却不愿意接纳别人也会有缺点的事实。

幸运的时候误以为是自己的实力，而不幸的时候认为老天待自己太薄。

失败之后一蹶不振，无法接受任何人、任何事都具有失败的可能。

相信上面的状况在我们的日常生活中并不少见，人们最擅长把自己束缚在主观意识当中，好似地球围着自己转，却对现实中的概率和规律视而不见。

《韩非子·五蠹》中记载："宋人有耕田者，田中有株，兔走触株，折颈而死；因释其耒而守株，冀复得兔，兔不可复得，而身为宋国笑。"

一个宋国人看到偶然撞死在树上的兔子，高兴极了，以为守在这里就能有兔肉吃，于是他放下农具日夜等待，希望能再来一只兔子。结果饿得眼冒金星也没等来，自己也成了宋国的笑柄。

在吃到这次意外的兔肉之前，宋人绝不会以为树上会“产兔子”，而仅仅因为一次幸运的美味，就让他抛弃了常识，一厢情愿地坐在旁边等兔子。也许我们会认为正常人哪有这么傻，但是现实生活中不乏各种类型的“宋人”存在。

因为投机而一夜暴富，感觉太幸福，于是再也不想踏实做事，而等着下一次暴富。因为交过身段远高于自己的男/女朋友，体会过了“人间美味”，就再也难以接受“门当户对”。因为一次提拔和赏识，命运大变，尝试了“坐火箭”的滋味，就继续把期待放在受贵人提拔上。

在欲望面前，人往往非常渺小，以至于把欲望与现实混为一谈，轻易抛弃了平常心。而《守株待兔》这个故事流传千古，是在不断地向我们传递平常心的意义。

不论我们是获得了巨大的益处，还是损失，都必须保持一颗平常心。所谓平常心，就是时刻以一种具备常识的心态看待事物。

所以，并不是平常人就一定具备平常心，往往是那些不平常的人，才能修炼出一颗平常心。平常心是他们理性思考的土壤，让他们充分接纳与分析自己所面对的问题。他们尊重这个世界的客观规律，明白它并不以个人意志为转移，并且清晰地知道，只有在承认客观规律与客观概率的前提下，才有可能真正把握命运。

拥抱不确定性

当我们逛星座网站的时候，会在上面看到大量的关于“确定性”的问题：“他会跟我表白吗？”“我今年下半年会升职吗？”“2019 年我会有婚姻运吗？”“他欠我的钱什么时候可以还？”选择占星咨询的人身份各异，但是所有的问题几乎都围绕着自己日常生活当中的不确定性。

有一位朋友的观点很清奇，他认为占星卜卦是另一种形式上的“心理咨询”。不论最终结论是否应验，至少在得到“咨询师”确定性答案后的一段时间，人们的心态会更稳定，之前的焦虑状态也有所缓释。为什么会更稳定呢？占星的人会用他的理论体系，推导人们导致现状的原因是什么，以及未来需要注意的问题。当人们在没有头绪的现状中得到了一种相对具体的解释，就会降低对不确定性的担忧。所以，令人脆弱的并非现实本身，而是被不确定性扰动的过程。

但是，当真实的困难突如其来时，大多数人往往来不及焦虑，在匆忙中见招拆招，反而最终化险为夷。而现实没有来临时，夹杂了欲望与担忧的感受就会填满我们的精神世界。所以也可以说，世界上所有的困难与压力，都是我们的大脑自行把它放大后造成的不适感，为了抚平这种不适感，过度损耗了我们的精力，反而影响了我们当下的表现。这导致我们加速进入墨菲定律[1]：

> 如果事情有变坏的可能，不管这种可能性有多小，它总会发生。

只有具备了平常心的人，才能在做事之前深刻地理解事物本身所具备的不确定性，从而深思熟虑，做出周全的努力，在结果出现之后，也能更坦然地面对现实。他们不会为了不确定性提前消耗自我，而是把所有的精力灌注在自己可以控制的当下，让每一份注意力价值最大化。

对不确定性的深刻洞悉，也会让他们不仅不惧怕不确定性，而且懂得创造不确定性。他们擅长整合资源，在新的资源结构中发掘新的机会；他们乐于助人，让自己的好口碑在社交圈中充分流动；他们在充满不确定性的交易中洞悉人性，在不确性的反面笑看风云；他们相信未来不确定性当中幸运的那部分，源于自己过去和当下的努力。

能驾驭智慧的人，都是驾驭不确定性的主人，就如同佛教

---

[1] 墨菲定律由爱德华·墨菲（Edward A. Murphy）提出，亦称墨菲法则、墨菲定理。

三法印所言[一]：

诸行无常、诸法无我、涅槃寂静。

也就是说，一个人只有理解世界的无常，去掉我执的时候，才可能进入寂静解脱之地。这个时候的我们已经准备好应对最坏的状况，同时又能迎接最好的状况发生。我们的内心会变得无畏而从容，做的任何决策都发乎理性，不再会为没有发生的事情患得患失，开始完完整整地驾驭自己活在当下。我们变得比以前更为专注，因为我们的能量不再被不确定性所牵扯，每一个专注于当下的瞬间，都是我们人生最完美的横切面，因为我们不再活在未来，无视当下，而是真正做到了活在当下，创造未来。

㈠ 三法印出自《大智度论》。《大智度论》简称《智度论》，是大乘佛教中观派重要论著。

02
现实解读力对人生的影响

孔子曾经在《周易》里面批注："君子不刑不发，不冲不达。"翻译成白话文就是，一个有志之士不经过磨难就不会成长，不经过失败就不会取得成功。自古以来这话也被江湖术士们引用，认为命中适度的阻滞反而是引发人生大成的"药引子"。抛开这些难以考证的论调，我们倒是可以套用孔子这句话的逻辑，联系一些现象。如果一个人生来聪明漂亮，家庭幸福、富有，进入社会后好运相随，自然是不错的人生，但是过度顺利也会让人无法把自己的潜能发挥到极致。还有一些人，他们先天禀赋很好，却总是与巨大的挑战、困难为伍，在不断突破困境的过程中，自身的优势得以被充分挖掘，从而爆发出自己都未曾想象过的能量。

但是这样的人终归是少数，在现实生活当中，更普遍的是经历了困难之后一蹶不振的人。为什么有的人经历残酷的现实会坠入命运的深渊，而有的人经历同样的事情，却能做到如孔子所说的“君子不刑不发”呢？

根本原因并非在于运气，而在于不同的人对于不同事物的解读方式存在天壤之别。而这种解读带来的行为上的变化，足以让生活在相同环境当中的人走向完全相反的人生。

解读环境的方式决定了应对环境的模式

可怜之人必有可恨之处。

这是一句非常流行的俗语，在刚开始流行的时候我非常不以为然：这话也太绝对了吧，有没有同情心啊！

后来随着进入社会的时间越来越长，接触的人越来越多，我渐渐发现，除了那些由于外力的倾轧而十分倒霉的人，还有一些人的可怜，是自己给自己制造的，更可怜的是，自制而不自知。

我曾有一位叫琪琪的同事，刚认识的时候对她印象极好，感觉她低调寡言，温柔靠谱。在公司，我们的工作内容多有交叉，她负责商务合作类的事宜，于是找到我的商务资源，我便纷纷介绍给她。但奇怪的是，很多客户与她洽谈一段时间都会变得很冷淡，她谈单的转化率竟然不如一些“三天打鱼两天晒网”的同事。后来公司迫于业绩压力，由我来协同她一起对接商务资源，我才渐渐发现她的一些办事特色。

相比那些恭维起人来天花乱坠的“花蝴蝶”，琪琪倒是个老实人，但是这份“老实”似乎把她推向了“花蝴蝶”的反面，那就是打内心觉得，这个世界上没有好人。

假如遇到一位合作伙伴洒脱自在，一般人都会相谈甚欢，唯独她会升起一股抵触心理，提醒大家，这个人非常自以为是，合作起来肯定非常难缠。

当合作伙伴对我们的工作强烈不满时，一般人会先看工作问题出在哪里，但是琪琪会强调这个合作伙伴心术不正，最近总是在想办法针对我们。

有一天加班到深夜，琪琪突然在工位上偷偷抽噎。我走过去问她怎么了，她说合作伙伴一直在欺负她，同样一个项目，她已经重复做了好几遍了，他们还是在挑刺。于是我打开她做的项目，发现确实做得不够好。因为合作伙伴是一家知名企业，当然是以很高的要求衡量这次合作，可高要求未必等于挑刺啊。

这个世界上纯粹的好人不多，纯粹的坏人也不多，最多的是在不同环境下好坏切换的普通人；全身是优点的人不多，全身是缺点的人也不多，最多的是时而展现优点时而展现缺点的普通人。因此，每一个人都不是脸谱化的，而是极为立体的。

一个非常自信的人，不免会显得有点自以为是；

一个在乎他人感受的人，不免会显得有些优柔寡断；

一个决断力很强的人，不免会有武断冲动的时候；

一个格外优秀的人，很难说内在不藏有一些自傲。

面对这些特质，习惯正向解读的人会解读为自信、贴心、有魄力、很优秀，但是习惯负向解读的人就会感到对方自以为是、优柔寡断、刚愎自用、自视清高。我们常常认为自己的内心活动他人感知不到，但是人们在感知他人对自己的好恶时，并没有那么迟钝。当我们感受到对方不欣赏、不支持、不接纳、不认可自己时，潜意识里难免生出不舒服的感觉，从而越来越难有热情将这段关系持续维系。从某种程度上来说，琪琪是个可怜的人，因为在她的世界里，这个世界上美好的事情太少了。一轮弯月在天上巧笑倩兮，她看到的不是柔软的月色，而是月轮上那一大块无法填满的黑色缺口。

我们如何应对环境，完全源于我们如何解读环境。我们对外界的解读与我们的内心世界是互为镜像的，也变相地影响着自己在现实中做人做事的模式。为什么赞美他人是纵横四海的社交工具？因为人们更喜欢与能看见自己优点的人交朋友，即便是一个只能看到别人缺点的人，也会更喜欢能看到他优点的人。人性使然耳。所谓可怜之人必有可恨之处，未必是此人做了什么坏事，而是他认为世界面目可憎，就必然不会受到世界的优待。

现实可能被扭曲成我们想象中的样子

曾经有一位听众问我：

“辂姐姐，求救啊！你遇到这样的老板怎么办？我的老板经常给我压活，整个部门最难最重的活儿都给我，而且老觉得我好像什么都会似的，一旦做不好，批评起来特别严厉。那几个同事什么能力都没有，他反倒睁一只眼闭一只眼。他是不是在故意针对我啊？”

我与她分享了我刚工作时面临的状况。我刚进职场的时候，经历过老板的如下对待：

对我言语犀利，极少照顾我的面子和感受；

把最难出成绩的活儿交给我，我眼睁睁看着别人出成绩，而自己的业绩增长缓慢；

让我去接触最难搞的合作伙伴，一开始每天都要遭受言语折磨与慢待；

第一年没有安排过任何外派出差，我的福利待遇比别人更低；

第二年又频繁安排各种出差，根本没考虑“呵护女性”。

相比别人，我确实像是进入了“hard 模式”[㊀]。如果我没有扛住，也许就会一直 hard 下去，但是我扛住了，而且出了成绩，最终实至名归，老板给予了我最快的升职机会与更好的福利待遇。所以有些时候，老板的“故意折磨”与“刻意培养”似乎是很像的，因为你好用，所以所有艰难的任务都交给你，因为不喜欢你，所以找点难做的事情让你难受。不过，除非你的能力非凡，已经击溃了老板的安全感，否则绝大多数老板都没有闲到每天编排如何折磨下属。所以我们需要尽量参透老板的出发点，我们的工作成果带来的正负反馈，本质上也在不断调整“故意折磨”与“刻意培养”之间的界线。

你能帮老板跑得了腿，就省得老板亲自奔波；
你能帮老板干得了活，就省得老板亲自动手；
你能帮老板事事都想周全，就省得老板亲自动脑。

随着你能力的稀缺性逐渐递增，你在老板心目中的不可替代性也会逐渐递增。你要是可有可无的人，他把你裁掉也许眼皮都不会眨一下；你要是不可或缺的人，他连跳槽都想带上

㊀ “hard 模式”的概念最初源于游戏。在游戏开始时往往会区分简单（easy）、正常（normal）、困难（hard）三种模式，人们可以根据自己的情况来选择适用的难度。后来被广泛应用于生活中，泛指进入了一种比较困难的工作或生存模式。

你。如同情侣关系中谁需求更大谁更弱势一样，需求大的人会通过讨好需求小的人以博得关系的平衡。在社会上也是这样，如果你能力的稀缺性强，需求量却大，那么大家会围着你叫高价。老板是你能力资源的直接需求方，在不让他感到威胁的前提下，也符合这个道理。

而且，值得注意的是，我们解读别人时的态度，总会或多或少地渗透到我们的行为当中。这会给双方关系带来一种特殊的“气场”，虽然难以言表，但每个当事人都能感受到。就像谈恋爱一样，在不确定对方爱不爱自己的时候，往往会觉得对方不够爱。老板不确定你是否信任他、喜爱他的时候，自然也对你没有安全感，很难把你提携到更高的位置上。既然双方都已经默认进入了这样的气场，那么无形之中也会把这段关系推向你内心预设的那个方向。

你信任我——→我信任你——→刻意培养——→下一届班子成员

你讨厌我——→我讨厌你——→故意折磨——→折腾到你服为止

解读现实的出发点源于我们的世界观

有人说，听了那么多道理，依然过不好这一生。但是我想说，你误会了，即便听到的东西一模一样，解读的能力也会将人拉开不同的距离。比如，几乎每个孩子小时候都听过灰姑娘的故事，面对继母欺负灰姑娘，有的父母会向孩子解读，继母之所以欺负灰姑娘，因为她是坏人；有的父母会告诉孩子，因为灰姑娘不是继母的亲生女儿，所以她自然爱亲生的孩子多一些。同样的故事，不同的解读，展现给孩子的是完全不同的世界观。世界观会让他们逐渐以此为判断标准，解读自己所看到的世界。

我认识一位非常优秀的女性 CEO 娜姐，她清华毕业，先后就职于最早期的 Google 中国、豆瓣，后来自己连续创立了两家很不错的公司，绝对是孩子的楷模，同龄人心中的佼佼者。既然要不断为自己的人生寻求突破，那么就不可避免地要做出种种艰难的决策。当我们聊到抉择时，我问她勇气何来，她讲到了记忆中对于世界最初的美好解读。

在一个深夜，全家人坐的车抛锚在深山里，当时漆黑一片，四处都是野兽的叫声。但是娜姐的父母并没有因此惊慌失措，而是安之若素。看着璀璨的星空，以天为盖地为庐，给儿时的娜姐上了一堂关于宇宙与自然的体验课。

伴随着山里的冷风、野兽的哀号，父母淡定自若，带着她欣赏星空，告诉幼小的她，这颗星星是什么，那颗星星是什么，每颗星星的背后有着怎样美好的故事。非常恐惧的夜晚在他父母的解读下成了另外一番场景，她不再害怕，她看着星空、月色、树影，听得津津有味，感到这是前所未有的森林奇妙夜。

她长大后，每一次面对人生中的至暗时刻，都会想起那个夜晚，即便危机四伏，星空始终璀璨遥远。那种“寄蜉蝣于天地，渺沧海之一粟”的感受会让她觉得此刻的压力微不足道，人生而渺小，所以应当为了更为伟大的愿望而奋斗。

人类一代又一代所赞颂的勇敢、自由、真爱，本就是社会的稀缺品，它们是人类步步前行时精神诉求的抽象描述，也是人们解读自己人生意义时最为普遍的概念。**也正是因为这些高于生存的期待，我们不囿于吃喝拉撒，而愿意为更有想象力的人生上限去努力，为的就是用自己对现实的驯服向自己证明：人生值得。**

每一天，在我们无意识的情况下，世界观都在“被建立”，也在“被破碎”。孔子有句话说得好：“朝闻道，夕死可矣。”“道”是可以支撑人生使命的东西，当我们明白属于自己的“道”之后，世界观便可以通过主观能动性来被改造和优化，而这个时候的我们，就从心随境转，变成了境随心转，大大加强了对于现实的掌控力与承受力。

极限经历造就极限经验

所谓经验，就是对现实经历的解读，就是我们通过自身经历验证了哪些想法，哪些理论，哪些潜藏的优劣势，哪些规律可以优化自己的社会表现……从行为与结果的反馈当中，总结出适合自己的行为模式，并且投入到下一轮的实践当中去。

经验并非全都是好的，同样的经验在不同的环境中发挥的作用也有很大区别，它只是一种让我们在特定环境中更高效、安全应对现实的行为模式。如同我们知道不能用手触碰刚倒满了沸水的玻璃杯，不要从超过三米的地方往下跳一样。

日常生活当中很多下意识的反应与判断，往往都源于我们过往积累的经验。就像我们刚开始开车会很僵硬地提醒自己：此处打三圈，此处打两圈，此处必须鸣喇叭。在熟悉之后便会“人车一体”，所有操作都是下意识的行为，却更加准确、及时。我们面对生活的经验也是如此，刚开始惊慌失措，熟悉后会形成自己都无法察觉的惯性，于无形之中影响我们的思维与行为。譬如，很多人都会把自己当下的性格缺陷归咎于原生家庭，囿于惯性状态无力逃脱，并谓之为命运。宿命论有大量拥趸不足为奇，因为自身基因与早年经验会为我们创造一种生存惯性。一个人想要改变命运，就必须彻底洞察自己的优势与问题所在，并且拿出足够长期有力的能量，与基因和经验造就的沉重惯性做对抗。

这种能量源于何处呢？源于我们必须活在当下，摆脱过往的思维镣铐，正确解读现实。譬如，原生家庭令你对亲子关系感到失望，那么当你想要构建属于自己的亲子关系之前，必须让自己的当下与过去相独立，甚至割裂，通过客观的观察与学习颠覆过往，在新树立的正确视角之下，培养新的经验。

在我过往的人生经历中，较小程度的成长源于绵延的自我肯定，但是巨大的跨越源于彻底的自我否定。当我们彻底解读出自己基因中的惰性，认知结构中的残缺，人格、人性中的不完善，并且毫不心软地否定了那个阶段的自己之后，就好像甩掉了一身的赘肉，轻装前行，矫健笃定。

那些在起伏跌宕的人生中能够做到“君子不刑不发”的强者，往往具有很强的对人生经历的“压榨”能力，他们对世界的洞察细致入微、极其敏感。所见为所思，所思为所学，所学为所用。他们擅长从挫折中寻求精神养分，从变化中摸索社会规律，以不断调整自己，解读世界的客观性与准确性，并学以致用。

有一种经验叫作极限经验，极限经验无法从庸常的生活当中获取，必须从极限经历当中喷薄而出。很多拥有巨大成就的人都是从极限经历当中获取了极限经验，这份经验是稀缺的。很多拥有巨大成就的人，早年都有一些特别的经历，虽然这些经历并不像学历与工作履历那样是显性的，容易被衡量的，但压榨出了他们的极限经验。极限经验像是一种能力上的“特权”，让一个人从与自己资质类似的一群人当中脱颖而出，有实力取得更大的成就。

03
用意义解读法解读自己的人生境遇

有个女孩儿跟我聊天的时候说道，在她事业顺利的时候，食欲通常很旺盛，以至于常常胃口大开，不怎么注意就变成了“过劳肥”；当她事业不顺利的时候，口味通常会变得十分寡淡，觉得吃什么都没胃口，但谈恋爱的欲望变得十分旺盛，以至于觉得自己像只胃口大开的“捕蝇草”，路过的男孩儿都想拉进来谈谈。

我问她为什么会有这样的感受，她说也许是事业顺利的时候，自己与外界的互动很好，有一种很强烈的存在感，吃好吃的就像补充弹药，让自己又有能量在外界拼杀一番，以加强存在感的正向反馈。但是一旦事业进入低谷，自己的所作所为常常得不到承认，内在能量极为压抑，只有非常刺激的体验，才能让自己体会到所谓的存在感。

不得不说，某种程度上荷尔蒙是一种舒张灵魂的解药，它带来的强烈情绪令人摆脱了自我紧缩，充分感知到自身的存在。

意义之存在，存在之意义

人生当中所有的行为与决策大都关乎“存在”二字，我为何存在，我如何存在，我存在的价值是什么……

我们吃饭是为了保证自己的存在，我们构建社交关系是为了体认自己的存在，我们追名逐利是为了强化感知自己的存在，我们关爱他人也是用一种释放能量的方式表达自己的存在。是否存在，以怎样的形态存在，存在的诱惑与风险，存在的痛苦与快乐、存在的特性与共性……所有以存在为原点延展的问题，都是我们生命中无法绕开的命题。

事物的出现与湮灭，在这个世界上每时每刻都发生着。如果我们曾经历他人的去世，就可以更深刻地感知生灭的流动。我们会发现，生命既沉重又虚无，一个人的存在与消失，竟然只在一口气之间。当一个人停止了呼吸，他曾经携带的记忆、思想、情感、追求、苦痛便一并消失了。每当这种时刻，都不免会引发身边人思考，人生的意义到底为何。

日常生活当中，我们常常用另外一个更抽象的词来表达存在，那就是意义。所谓意义，就是一件事或者一个人存在的终极理由，譬如我们会说：

今天过得好有意义！——今天发生的事情让生命的价值感与幸福感得以“充值”。

这份礼物好有意义！——礼物表达了这份关系在对方心目当中的分量。

你对我说这些话没有意义！——这些话本不该存在，它们没有任何价值。

把精神消耗在痛苦的回忆中毫无意义！——过去已经不存在了，与之相关的痛苦也不应当存在。

正是因为我们的生命与意义时刻绑定，所以如何解读自己所有经历存在的价值，与我们人生的成就感和幸福感休戚相关。

有些人生于富豪家庭，虽然从小锦衣玉食，但是看着成就如山的父辈，不免会感到自己再难逾越高峰，于是虚无感顿生，不知自身努力奋斗的意义何在；有些人出生于普通家庭，虽然起点很低，但是更容易逾越，自己的每一次进步都是整个家庭甚至是整个家族的进步。自己的存在让周围的环境发生了巨大的积极变化，会给自己带来巨大的肯定，所以后者心目当中对于意义的感知，反而比前者更加强烈。“有”的价值是通过“无”来展现的，“无”的意义是通过“有”来明确的，这就是“大成若缺，其用不弊。大盈若冲，其用不穷”。

满与虚，盈与缺，是一种相对性的存在，这中间的变化就是意义的流转。所以，我们毕生对于意义的感知都是相对的，与我们所处的环境、自身解读的方式息息相关，也正是因为意义解读能力与实践能力的差距，才诞生了命运的强者。

知道为什么而活的人，便能生存

尼采曾说过，**知道为什么而活的人，便能生存。**

维克多·弗兰克尔是在全世界享有盛誉的存在分析学说领袖，他发明的"意义治疗"是西方心理治疗领域的重要流派。比他的学术成就更广为人知的，则是他在二战期间的特殊经历。二战期间，弗兰克尔被关押在奥斯维辛集中营，那里的每一个囚犯都面对着自由的丧失、身心的折磨以及随时可能发生的生命危机。在绝望的环境中，大量的囚犯每天都会焦虑地问同样的问题："我能从集中营活着回家吗？如果都不能活着回家，那经受这些痛苦又有什么意义呢？"对于不确定性的焦虑，持续地吞噬着人们的意志；对于意义的否定，让人们不断坠入绝望的深渊。终于，一个又一个囚犯"决定死去"，他们不再清理身体，终日躺在床上，一根接一根地抽烟，拒绝吃饭、拒绝喝水，对外界的打骂无动于衷，就像海面上触礁的轮船，意志一块接一块地瓦解，一块接一块地沉沦，直至全部消失在海面上。

然而，被剥夺了一切，赤身于囚室之中的弗兰克尔却迎来了精神世界前所未有的富有，他启动了一种全面独立于客观环境的思维模式。弗兰克尔放弃了对于生死不确定性的思考，把注意力从遥远的未来转移到可以审视的当下：“我所经受的这些苦难，到底有没有意义？这种意义能给我带来什么？”仅仅是一个角度的转变，就让他的每一个当下有了存在的意义，而意义就是活下去的力量。弗兰克尔认为，虽然纳粹可以控制他的生存环境，但是并不能控制他的内心。他始终坚信，精神世界的自由是别人无法夺走的，人们一直拥有在任何环境中选择自己态度的自由。他的内心始终在坚持两件事：第一，完成一部一生最重要的学术作品，虽然原稿已经遗失，但他在脑中不断完善作品的构思，希望有朝一日可以发表；第二，深爱自己的妻子，每当想起她，他都会觉得她的面庞比冉冉升起的太阳还要明亮。这些美好且想尽未尽之事，都会让他觉得当下的忍耐和等待充满了意义。他的态度也照耀着其他狱友，让他们找到了自尊与灵魂的归属。

弗兰克尔的坚持与等待果然没有付诸东流，并且奠定了他未来的学术方向与学术地位。在离开集中营之后，他针对自己的理论做了更加深入的研究，同时还调查了在日本、韩国和越南战俘营中囚禁过的人。通过大量的访谈与调研，他得出了与自己在狱中相同的结论：那些知道自己生命中还有某项使命有待完成的人，最有可能活下来。

这项发现并不仅仅对接受监禁的人有意义，对任何人而言，都是逃离“监狱”的解药。只要我们的人生存在痛苦与困顿，就存在“监狱”。焦虑、偏见、恐惧、贪婪、愤怒……我们被负面情绪驾驭的所有时刻都如同画地为牢，让自己处在内心的“监狱”之中。唯有使命感能够让我们超越屏障，去寻找自己存在的意义。

为什么我们的意义感会亏空？

我们这个时代最大的变化是什么？米歇尔·塞尔[一]说：“农耕世界的消逝，带走的远不止在地里劳作的人。与之一同消逝的，是人人亲身劳作并知道自己在做什么的世界：在这个世界里，人们可以在辛勤劳动之后亲手收获劳动的成果，在汗水的结晶中找到自尊心、身份和认同感，即使被生活伤害，也可以通过劳动找回失落的信心。”

现代社会，人们离开田间地头，涌入“钢铁森林”。在每个属于上班族的清晨，人们如同生产线上的原料，一个个秩序

[一] 米歇尔·塞尔（Michel Serres），法国著名哲学家。著有《赫尔墨斯》《关于儒勒·凡尔纳的青春》《雾中的信号，左拉》《雕像》《寄生虫》等。

井然地走入大厦的小格子间里，与电脑、电话、图表、会议打交道，追逐各种各样以数字定义的抽象概念。数字不是阳光雨露，不是粮食蔬菜，它们只是抽象的量化符号，但我们的价值却被它们所衡量。我们努力完成的任务也往往以数字来定义，缺乏有形的成果奠定我们对于付出的信心。

在农耕社会，人与自然是深度交互的，历经春夏秋冬，人们劳作、收获；二十四节气个性分明，刻下生命走过的印记。人们与粮食发生了关系，粮食与自然发生了关系，人们的一举一动与自然是如此靠近，而现代社会，大多数人都很难有机会深刻感受到自己与世界之间的关联。往往觉得对着电脑没做多少，一天就过去了；在小格子里没有变化多少，一年就过去了。如此，这一天、这一年的存在感，就发生了亏空。然而，人们的成就感与幸福依然源于扎实的存在感，于是我们寻求更强烈的精神刺激，有些人沉迷游戏，有些人追名逐利，有些人出轨猎奇。我们做出种种看似费力或荒谬的行为，都是在试图体认生命的存在感，想要打破生命的虚空，确认自己存在的意义。

“像社畜一样，没有意义。”每到为工作精疲力竭却毫无成效的时候瘫倒在床上，总会产生这样的疑问，徘徊在焦虑与厌倦之间，是现代人的常态。

然而畜是四肢朝下的，毕生都是觅食的姿态，只有人类双腿直立、双眼向前，这意味着我们生而为人，生存的意义高于生存本身。当我们的祖先还是猿人的时候，奔跑在树林中、草原上，因为水果和虫子新鲜的汁水而欢呼雀跃时，恐怕不会想到“意义”这种奇妙而虚无的概念。那么，既然“投胎”做现代人这么复杂的生物，意义的构建就成了人生动力的源泉。

如何运用意义解读法

弗兰克尔的病人中，很多都是“心灵性神经官能症”。它并不是一种病理学上的心理疾病，而是源于人们心灵当中意义感的失衡，当人们对生命中忧虑和失望的感知超过对生命价值的感知时就会出现。这种场景其实非常普遍，落后的年代，对生活万念俱灰的村妇往往会说一声“活着没意思”，然后拿起一瓶农药一饮而尽。即便她没有受过教育，也不曾建功立业，但是活着的意义是什么，依然是支撑她生命到最后的终极问题。

弗兰克尔的“意义治疗”理论核心是“意义”，这个意义要求人们必须用自身的探索与实践去寻找。弗兰克尔希望通过治疗，协助人们认知自己命运中的使命，找出生命中的意义；通过对意义的探索，激发个人潜力，逐渐在正向反馈中恢复心灵的平衡。

探索意义听起来非常严肃与沉重，而事实上在探索意义和价值时，确实可能引起人们的内在紧张，但这种紧张是心理健康的先决条件。弗兰克尔认为，人们实际需要的不是没有紧张的状态，而是为追求某个自由选择的、有价值的目标而付出努力；一个人最好的状态并不是不问代价地消除紧张，而是某个有待他去完成的潜在意义，对他发出了有力的召唤。

吃喝玩乐的实践有意义，使命感的实践也有意义。前者是放松的，后者是紧张的；前者的快乐是短暂的，而后者的快乐是绵长的。因为后者是一种能量的持续输出与成果的正向反馈，对于我们体认自己的存在感具有强有力的作用。

弗兰克尔认为发现意义的途径有三种：

（1）创立某项工作或者从事某种事业

这里的事业并非是一项随意的工作，应当是与我们的意志相协调的事业。

有人曾在论坛中问："为什么我的老板每天通宵达旦、废寝忘食地上班也不觉得累，我上一天班也没干啥，回家却觉得累得要死？"这其中最重要的区别是，公司是老板的，他的意志深深地根植于这家公司，因此有更强的主观能动性让其变得更好，而公司向好发展也能对老板的精神动力予以反哺，所以，老板与公司这棵树可谓同气连根。而作为员工，大多数人很难觉得公司的发展与自己有关系，召唤自己的并不是一个可以生长的事物，而是每个月到账的工资，一旦坐到办公室里，并不是像老板一样有目的地选择要做什么，是被动地随时等待召唤，精神状态始终处在不规则的随意调动当中。老板的紧张状态是主动而健康的，员工的紧张状态是被动而消极的，因此作为一个受主观意志驱使的员工，会很容易感到疲惫，并且在疲惫中质疑劳动的意义。相比老板与公司的同气连根，员工自己更像嫁接在这棵树上的小枝丫，不安全感非常强，成就感却非常弱。

我们的精神和身体是一个相互作用的不可分割的整体，从出生到死亡，身体和精神都在进行互相合作。精神犹如发动机，将身体的潜能全部激发出来，带领身体进入安全舒适的领域。

所有发乎积极意志的行为，都会让我们感到欲望与行为相一致的意义感。譬如，连续两周持续精进自己的滑雪技能，为全家做一顿交口称赞的晚餐，在工作中自发地启动一个新的项目，报名参加一个期待已久的比赛并且夺得名次。事情不论大小，**当我们的欲望与行为相一致时，自我肯定会得以加强，意义感就犹如长着藤蔓的灵魂宝藏，自行爬上来。**

(2) 体验某件事情或者面对某个人

我们人生中会有几个阶段成熟速度加快：第一次离开家，第一次谈恋爱，第一次工作，第一次定居在另一个城市，第一次拥有自己的家庭，第一次为人父母。每当我们进入一种新的体验，就会很清晰地感受到自己的变化，在与外界加强互动的过程中，意义感会很明显地得以加强。

除了进入人生新阶段，主动选择的一些变化也能给我们带来意义感的加强：

我们对当下的生活充满厌倦时，可以选择一次说走就走的旅行；

我们对当下的事业充满了厌倦时，可以选择一些新的目标；

我们对当下的生活圈子充满厌倦时，可以选择一个新的圈子。

当我们主动去选择改变时，会站在新的角度上看待当下，角度的调整会让我们的意义感知明显得以“充值”。

当我们选择与生命深度交互，会唤醒自身天然的喜悦感。全世界的人看着李子柒的视频都会感知到同样的放松与喜悦，因为她带我们体验了粮食瓜果从无到有、从春夏到秋冬、从田间到饭桌的过程。人们会选择插花、种菜、养宠物，甚至生育自己的孩子，虽然这些行为并不能给人们带来类似于事业上的成就感，却能够带来生命的喜悦，在生命与生命的交互中，我们会感知到强烈的意义体验。

（3）在忍受某种不可避免的苦难时采取某种态度

“活下去，像牲口一样地活下去！”电影《芙蓉镇》中，秦书田在服刑前对怀有身孕、淋在雨中的胡玉音说出了这句话。这句话也成为震撼一代人的电影台词。彼时的二人已经走入了命运的绝境，没有生存的质量与快乐，被剥夺了所有的权利与尊严。作为人，他们所有关乎正常生存的希望都已破灭，似乎已经丧失了生命中所有的意义。在这样的状态之下，秦书田道出的这句话虽然卑贱，却振聋发聩。这句话无疑给两条已经堕入命运谷底的生命创造了活下去的理由，那就是哪怕如同牲口，也要活着。如此这般的态度，让所有过去的、未来的痛苦都有了意义，这种态度催生出强大的勇气，支撑着二人迎来了命运的转机。

我们可以为自己设计目标，但是人生却未必是照着剧本走的，除了我们可以设计与控制的事情，还会有很多不可避免的事情闯入我们的人生。**没有人愿意平白无故地承受痛苦，即便是内心最强大的人；也没有人能够避免承受痛苦，即便是最富有的人。因为在人生的设定中，痛苦是不可避免的：**

如果选择了竞争，就必须承受可能失败的痛苦；

如果选择了爱情，就必须承受可能不被爱的痛苦；

如果选择了生育，就必须承受时间与精力被孩子分割的痛苦；

如果选择了事业，就必须承受目标与现实之间存在差距的痛苦；

如果拥有至亲之人，就必须承受生离死别的痛苦。

我们的态度是可以自行选择的，但是命运当中的无常是无法进行选择的。在可以选择与无法选择之间，我们唯有加强前者，才能实现两者的最佳调和，才能让自己更加强有力地面对现实。弗兰克尔在奥斯威辛集中营当中的表现，可以非常精准地诠释这个逻辑。他所承受的监禁是不可避免的，但是他启用自己的精神自由，用自己的心智探索受苦的意义。

这种思维模式对我有非常巨大的影响。在很长一段时间内，帮助我度过了事业的低谷期。

人在事业的低谷期很容易自怨自艾、妄自菲薄，这种思维对于改变现实不仅毫无意义，还会无限制地消耗情绪。曾经的我也是这样的状态，在被情绪消耗得精疲力竭之际，我决定主动止损。我观察自己的负面情绪，并且探究它们的根源。每当我的内心浮现出一些对自己的否定，对他人的不满，对外界的不知足时，我都会记录在文档里，不断剖析自己为什么会出现这样的感受，源于自己心智的哪些缺陷，面对这样的缺陷，我应当如何做出本质层面的改进。渐渐地我发现，低谷期也是一件好事，唯有在这个阶段才能逃离周围的诱惑，在离自我最近的位置向内观想。我通过不断的自我剖析，把过往的很多行为抽丝剥茧，发现了很多自己从未意识到的问题。我开始庆幸，如果此时我不能对自己做出相应的向内改造，那么在未来拥有更好机会的时候，这些缺陷带来的风险自然会集中爆发出来。我的心态也开始从自我否定进入了清醒、感恩与精进的状态。人生起起伏伏是很自然的，在自己身心变好的过程中运势也会逐渐上扬，实现境随心转。

人生当中有无数不可避免的事情，如果我们把它当作困难，就会觉得自己真的很难；如果把它当作挑战，就会觉得自己进行了一个优化自我的学习过程。在这个过程当中，我们对自我的认知会加深，会感受到不完美带给我们的意义，而且这种对困难的解读方式会在一次又一次克服挑战的过程中得以锻炼和加强，再遇到同等难度的挑战时，曾经的手足无措早已变成当下的波澜不惊。

意义解读法的副产品

当我们明白了如何获得意义之后，就会对意义的感知越来越敏感。它也会给我们带来一些意想不到的副产品：

（1）对目标非常敏感

对意义的追求会让我们更善于发现和设定目标。因为意义感的存在，我们在实现目标时不再是为了做而做的硬扛，而是看重它实现的过程，让自己在每一步都做得尽善尽美。

（2）取舍更为果断

我们会更少地把时间和精力放在没有意义的事物上，让自己的决策更加高效。

比如，曾经会违心地无法拒绝别人，在不重要的人和事上面耗费过多的精力，但是当我们懂得运用意义解读法的时候，就会发现无法从这些经历当中解读出必要的意义，自然会减少一些没有必要的对外消耗，转而把专注力放在更有意义的人和事上面。

（3）更善于影响他人

想要影响他人，就必须让他人与自己的观点达成共识，而共识的前提是他人对自己的观点具备同样的价值认知。如果我们善于用意义解读法分析、拆解事物的意义，就能够让他人从事物的根源层面与我们站在同样的出发点上，从而更容易与我们的意志相联结。这种能力不仅可以加强我们对周围社交关系的影响，而且能够帮助我们提升领导力，通过引导他人对事物价值达成共识而更好地完成支持、配合与协作。

（4）万物皆为我师

被人拒绝了会伤心，做事失败了会觉得没面子，看到别人的进步会感到压力。如果我们不能正确地解读这些行为，就会给自己带来负面影响。但是当我们能够解读现实的正负反馈对我们的意义时，我们的世界里就没有那么多的坏事了，更多的是挖掘这个经历能否教会我们一些真正有价值的东西，让自己从被动地受事物影响变为对事物本质的主动驾驭。当达到这个阶段，我们便能够拿所有经历为自己所用。

就如同《失孤》里面的一句话："这里的每一块土地，你都生过、死过，每一个众生都曾经是你的父母。"

致敬弗兰克尔

关于有意义的一生，弗兰克尔的书中有一段话令人动容：

即便他意识到自己老了，那又有什么关系呢？他没有必要嫉妒年轻人，更没有必要因为虚度青春而懊悔。他为什么要嫉妒年轻人呢？嫉妒年轻人所拥有的可能性和潜在的远大前程吗？"不，谢谢你。"他会这么想，"我拥有的不仅仅是可能性，而是现实性，我做过了，爱过了，也勇敢地承受过痛苦。这些痛苦甚至是我最珍视的，尽管它们并不会引起别人的嫉妒。"

在弗兰克尔的课上，有人请弗兰克尔用一句话概括他本人生命的意义。他把回答写在一张纸上，让学生们猜他写下了什么。经过安静的思考，一名学生的回答让弗兰克尔大吃一惊。那名学生说：

"你生命的意义在于帮助他人找到他们生命的意义。"

“一字不差，”弗兰克尔说，“你说的正是我写的。”

本章的最后，致敬弗兰克尔，真正的强者既不会看低他人，也不会抬高自己，而是有足够的勇气实践自己生命的意义。他用强者的一生实践了人生的意义，他用自己人生的意义教会了人们寻觅人生的意义。

02

第二章

用长远的眼光驾驭欲望

01
欲望，隐藏在理想背后的秘密

很少有人会去分析自己的欲望，更少的人把它当作一种资源来管理。智者将其分为三六九等，择其益者而用之，愚者则像是给自己找了无数个主子，随时随地被主子操控。也就是说，一个智慧的人对欲望既不是排斥的，也不是屈服的，而是把它当作一种与自己共生的资源来看待，在与这种特殊资源共处的过程中去管理它，因势利导，将其转化为一种有益于自己的状态。而愚蠢的人很难对欲望进行区分和调配，更多的时候是被自己的欲望压在身下欺负，精神世界像一个失控的提线木偶，被肆意的欲望以各种形态任意驱使。

当然，也有一些人会说，你说的这些智慧的人坚持的东西应当叫作理想而不是欲望。是的，一个企业家、一个艺术家，当然可以说他毕生奋斗的企业或呕心沥血的作品是他的理想。

这是硬币的一面，另外一面则是隐秘的欲望。对于一个志在成为企业家的人而言，如果无法构建自己心目中理想的王国，他会难以认可自己存在的意义；对于一个艺术家而言，如果无法创造出让自己心潮澎湃的作品，他会觉得自己的创作灵魂无处安放。渴求理想的背后，是一种做不到就质疑人生的焦灼感，或是一种不达目的不罢休的天赋。因此，这种欲望驱动着他们，并且以理想的美好形式展示给世人。

所谓理想，更像是欲望 + 外部环境 + 价值观 + 禀赋汇聚后的聚合体。人的理想受客观环境、价值观和先天禀赋的强烈制约，一个道德高尚的人在一个体制完善的环境中倾向于用他的禀赋实现一些更加美好的理想；一个性格阴暗的人在逼仄的制度环境中倾向于用更加险恶的手段实现一些不那么漂亮的理想。

美剧《纸牌屋》中的女主角克莱尔，出身富贵，美丽优雅，是很多优秀男性的追逐对象。大多数女孩儿如果拥有克莱尔的一切，恐怕会非常满足，过上夫妻恩爱、生活优渥、儿女绕膝的幸福生活。但是剧中的克莱尔放弃了那些与她门当户对的富家子弟，即便面对温柔浪漫，令人身心惬意的情人亚当，也只是在他的臂弯里缱绻短短一周而已。一周过后的她整装待发，依然与她那位出身于底层家庭，内心卑劣的野心家丈夫携手，投身战斗。她本可以不这样，却处心积虑一定要这样。

因为其他男人可以给她带来爱情、仰慕、呵护、财富，却无法洞察她体面外表之下的隐秘的痛苦，而她的丈夫安德伍德可以。他们是欲望高度相似的同类，就像狮子与狮子才可以体会对方对于血腥的热爱，而同在大草原上奔跑的羚羊却不可以。这份欲望是独特的、稀缺的，更是孤独的。她既可以像慈母一样呵护受伤失措的安德伍德，也可以像严母一样激发安德伍德嗜血的野心。**这一切的牺牲与出发点都是欲望，是那种得不到就百蚁噬心的痛苦，是那种他人庸碌我进取的孤独，是那种每一份尊重都要收割的野心。尽管她的出身已经让她站在了无数人之上，但是她并不关注流动着人间幸福的脚下，她只关注上方背影的稀稀疏疏，那些不必要的落后让她陷入怒不可遏的痛苦。**

“知道自己的欲望所在并且足够强烈，本就是一种天赋。”一位搞演艺的朋友对我说，“在这个天赋层面上，很多普通人就和明星拉开了差距。别人多看两眼，普通人都会害羞，而很多明星如同上瘾一般渴望万众瞩目。如果得不到关注，他们就会痛苦，那种痛苦是令人折磨的，在他们心中，无人问津约等于自己不存在。”

很多企业家从无到有，从小到大，一次又一次冒着巨大的风险不断折腾事业。可以说是因为他们有一个远大的理想，但是更重要的，是他们拥有一种不实现点什么就焦灼、空虚的心理状态，对这种状态的恐惧，推动着他们走向了一条自我实现的路。

欲望中包含了热情，也包含了愤怒。热情源于对更好状态的渴求，而愤怒在于对自身、对现状不满足所产生的排斥。

那些发誓要靠读书离开大山的人，未必见识过都市的美好，他们只是不愿意生存在大山的闭塞之中，于是披星戴月、风雨兼程追逐心中那个更为美好的可能。

那些以拼命赚钱为乐的人，未必喜欢疯狂消费，他们只是恐惧没钱给自己带来的身心局促感，于是在拼命赚钱的过程中逃离曾经的恐惧。

那些疯狂追求爱情的人，未必拥有柏拉图式的爱情诉求，他们只是觉得自己的世界不够完整，无法平静、满足地自处，于是需要强烈的欲望填充来逃避这种不满足。

人们的行为源于动机，而动机源于欲望，所以人们在满足自身欲望的时刻，会感受到生命的燃烧感。这是一种极度强烈的让人们陷入失控的能量。既然是能量，就是一种资源，正确使用带来的作用是无法小觑的。**面对体内的这种能量，我们需要学会驾驭它，不但要学会无欲则刚，也需要理解有欲则强。**

所以，与其虚无缥缈地思考自己的理想是什么，不如好好分析一下自己的欲望是什么。如果能利用好这台与生俱来的发动机，不但能发现理想，也能实现理想。

02
欲望管理，人与人心智的分水岭

雅克·拉康[一]曾说："人唯一有罪的地方，就是向欲望让步。""不向欲望让步"其实是让你忠于欲望，坚持与自己相契合的生存方式，而不是始终坚持着某种身份。如果不忠于欲望，就会觉得自己与真正的自我意识割裂开来。当精神世界飘忽不定，失去根基，人们很容易在机械的日常运转中丧失对生活的信心。

没有人单纯靠克制欲望获得成功，那些真正的成功者，都毫不怀疑地忠于欲望，并且竭尽全力地将欲望实践成真。与此同时，伴随他们的还有另一样东西，那就是管理欲望的能力。欲望就像一匹骏马，如果你无法管理好它，它会带你走错方

㊀ 雅克·拉康（Jacques Lacan），法国作家、学者、精神分析学家。

向，将你摔得遍体鳞伤；如果你能管理好它，它就会是你最忠实得力的部下，带你走到不曾想象过的远方。

欲望管理能力是人与人、人与动物之间的重要分水岭。食色，性也。但我们有更重要的欲望，关乎尊严、金钱、友谊、自我实现等。更厉害的人，会极度聚焦在那些最重要、最煎熬的欲望上。

欲望管理的核心：选择就是放弃

爱瑛是我的学姐，但是她比我大近二十岁。在她二十多岁的年纪，社会上的机会还很稀缺，但是她不甘命运的安排，勇敢地为自己做出了一个重要决策，让她的人生有了一个 180 度的逆转。回顾过往的选择，她最坚信的道理是：

“选择就是放弃。”

爱瑛姐大学毕业后，被分配了一份在省城的稳定工作，在岁月静好的办公室里，她度过了一天又一天。沉闷中她觉得这不是她想要的生活，但是在那个资讯不发达的年代，她看不到更多的选择，于是陷入一种困顿、迷茫的状态当中。突然有一天，她接到一位朋友的电话：“我要出国了，去美国。”她第一次意识到原来除了上班，还有留学这条路。彼时的她对美国的印象还停留在电视电影中，但她突然觉得，在这里，自己似乎已经看到了人生的尽头，但是在大洋彼岸高楼大厦的浮光掠影之中，也许有一些意想不到的可能。

于是回家之后，她对父母说自己要出国的想法。但是她刚刚结婚，父母还等着抱孙子呢，听到女儿说出这么疯狂的话，他们震惊之余极力反对。在这种持续的反对之下，她做出了两个惊人的举措：与新婚的丈夫离婚；剃了头把自己锁家里，复习考试。顶着周围人的巨大的压力与不解，她真的实现了自己的目标，去大洋彼岸读书、工作，再后来回国创业，并且建立了新的家庭。

作为晚辈，我曾听说过很多属于那个年代的故事。那个年代，城市之间的差距很大，国内与发达国家之间的差距更大。有的人因为出差，从我的家乡来了北京，就再也不愿回去。有的人因为去了一次美国，就下定决心去美国奋斗，哪怕在那里承受巨大的孤独与前途未卜的压力。但第一次与拥有这样经历的人面对面交流，我还是按捺不住内心的好奇，问了她很多关于抉择的问题。

“那个年代不比现在，离婚似乎是一件有很大世俗压力的事，您当时会不会有担心和犹豫？”

“一个人要先明白自己想要什么样的生活，才能明白自己想要什么样的婚姻，这两者是不可颠倒的。我很清楚地知道我不想做一份一眼看穿下半辈子的工作，也不想生活在闭着眼睛就能走通大街小巷的城市。所以，在那个年代，我选择了做一个‘坏人’。虽然家人很不理解，但是我不能背叛我想要的生活。虽然承受着非议，但当时确实义无反顾。”

“后来您已经在国外有一份不错的生活了，为什么又选择回国呢？”

“是，我可以做一个平淡、幸福的中产阶级。但那个年代，华人在国外持续向上奋斗也并不是一件容易的事，我始终想要创造自己的事业，看到国内经济发展很快，所以就回国了。回国之后我是有不少积蓄的，但是我很多年一直住着一个小房子，就是希望能够有充裕的资金运作自己的事业。”

“当时没有担心过失败吗？”

“我人生中有很多重大的选择，任何选择都是有成本的，时间、金钱、失败、非议……但是任何懂得做选择的人都要明白一个道理，那就是，选择意味着放弃，放弃那些看似也还不错的选择，放弃那些无用的虚荣，放弃干扰你这个选择的一切。既然选择了回国创业，就相当于放弃了不承受失败的可能。如果失败了，那就必须承担代价，逃不掉的。”

“放弃这么多，后悔过吗？”

“不会，只有把那些看似重要却又干扰目标的事情放弃，才有可能全力以赴实现目标。”

爱瑛姐的人生似乎得到了她想要的一切，但是在每一个决策面前，她从来没有想过“我都要”，她永远都会简化自己的决策指标，只保留那件最重要的事情。**其实干扰欲望实现的，恰恰是贪心。**一个善于驾驭自己欲望的人，会圈定自己的能力范围，会为了最核心的欲望做出必要的取舍，给最重要的事情留出比他人更充裕的空间。这样他才能把精力、智识、时间发挥到极致，让自己的人生始终处在一种精锐、勇猛的进取状态。

碎片型欲望 vs 战略型欲望

在管理欲望之前，我们需要对欲望进行分类，从功能角度可以将欲望分为两类：碎片型欲望与战略型欲望。

什么是碎片型欲望呢？

比如，刷剧、购物、旅行、聊八卦和追逐很快过时的新闻热点等。这些欲望都是非常碎片化的，短期内能让我们的心情放松，但是从长期来看，它们对于我们的人生影响甚微。

什么是战略型欲望呢？

比如3年内升为中层管理者，5年内拥有1000万的可支配资产，启动一个有前途的副业对冲35岁之后的职场风险，等等。战略型欲望属于想和做之间周期长，做和验证之间周期长，阶段性成果较容易模糊的目标（即便努力了，它的成果在短期内也未必很明显，也有可能因为战术的调整而影响目标的实现），但是对于更长的周期而言，它们是人生中重要的一环，不走这一环就很难到下一环。作为奠基石一样的存在，它们对人生的影响巨大。

前者的实现过程很容易，因为门槛很低，我们能在短期内得到正向反馈。而后者的实现过程可能伴随着煎熬，因为欲望越大，门槛越高。由于缺乏耐心、方法失当，大多数人注定被挡在门外，只有少数人能够明白复利的意义（第六章会细讲），在时光中收割价值。

在每日的生活当中，碎片型欲望与战略型欲望应当是旁枝与主干的关系。所谓主干，是有力而专一的，它是成长的主方向，能量的来源，生存的意义；而旁枝，则是更加分散的存在，它们让主干更有能量，却不宜过多，我们需要对它们进行适度的精简，保证主干有质量地成长。我们常说玩物丧志，也就是说，碎片型欲望占据了人生太大比重时，我们最重要的那些人生使命便难以有足够的精力与空间去实现。

如何行之有效地实现战略型欲望？

（1）拉长周期

对于现代人而言，活到 70 岁以上已经不是一个难题，我们有足够长的时间去做好我们想做的事。所以，在设定目标时可以站在一个更长的周期里，以 3 年、5 年，甚至 10 年为周期规划一个目标，都是非常合理的。对于成年人而言，每天之间的差别实在是太小了，甚至在每年的年初和年终，也不会觉得有太大的变化。但是足够长的生命周期让我们人生当中那些看似困难的目标有了实现的可能。我们完全可以脱离以年度为节点来制定目标，因为事实上，那些影响我们终身的事往往在一年内根本无法完成。因此，在实现我们的战略型欲望时，可以适度把周期拉到 5 年甚至更长。自己想要什么样的生活？这种生活从现实的角度考虑，可行性有多少？比如想要提前退休，尽早结束职业经理人生涯；比如想要改行，在新的行业里再启航程；比如想要成为一个自由职业者，自己定义自己的商业模式。这些目标对于人生来说意义重大，都不是短短一年就可以见效的，那么就应当在一个更长的周期里，对它们进行思考和规划，3 年不行就 5 年，5 年不行就 10 年。尽可能在时间和空间的纵深中考虑这些事情的可行性，并且始终不放弃实现它们。

（2）聚焦聚焦再聚焦

没有哪家公司有两套战略目标，任何一个人，精力和资源也都是有限的。我们想要在有限的条件下创造出极限的价值，最重要的事情就是足够聚焦，聚焦的行事方式就像一把利剑，用它插入目标，不仅快而且深。但若是不够聚焦，难免像钝锤挖坑、隔靴搔痒，发挥的作用毫无竞争力。

迈克·弗林特是巴菲特的私人飞行员。在聊到职业目标时，巴菲特请他列出自己未来的人生中，想要去做的最重要的25件事。写完之后，巴菲特要求他必须从中选择5个。

弗林特圈出其中5个说道："我准备尽快开始。我明天就开始做，不，我今晚就开始。"此时，巴菲特问道："那么，那些没有圈出来的目标呢？"

弗林特信心十足地回答："这样吧，我把主要精力放在头5个重点目标上，其次的20个目标，我会在达成头5个重要目标的过程中，抽空去做。"

"不，迈克，你错了！"巴菲特厉声说，"你没有画圈的那些，就是你的'坚决不碰'清单。无论发生什么，在你成功达成头5个目标之前，绝对不要碰。"

巴菲特让弗林特把自己的目标圈定在一个极小的范畴之内，并且使命必达，而这恰好也是他的行事逻辑。巴菲特从

11 岁购买第一只股票起，已经在投资事业上耕耘了近 80 年，他在 60 岁之后便获得了人生中 90% 的财富。每个人一生都有一些期待实现的欲望，但是面对这些诱惑，**比有所为更难的，恰恰是有所不为。正因为有所不为，才让我们有充裕的精力有所为。**

（3）把欲望分解为目标

山田本一是 20 世纪 80 年代日本的马拉松运动员，1984 年，在东京国际马拉松邀请赛中，名不见经传的他出人意料地夺得了世界冠军。当时许多人都认为这个跑到前面的其貌不扬的矮个子是偶然为之。两年后，国际马拉松邀请赛在意大利北部城市米兰举行，山田本一代表日本参加比赛。这一次，他又获得了世界冠军。

两次夺冠，让人们意识到这并非偶然。

后来，山田本一在他的自传中说："每次比赛之前，我都要乘车把比赛的线路仔细看一遍，并把沿途比较醒目的标志画下来，比如第一个标志是银行，第二个标志是一棵大树，第三个标志是一座红房子，这样一直画到赛程的终点。比赛开始后，我就先冲向第一个目标，等到达第一个目标后，我又以同样的速度向第二个目标冲去。四十几公里的赛程，就被我分解成一系列的小目标，轻松地跑完了。起初，我并不懂这样的道理，常常把我的目标定在四十公里以外终点的那面旗帜上，结果我跑到十几公里时就疲惫不堪了。我被前面那段遥远的路程给吓倒了。”

他的这套模式与《徒手攀岩》当中的攀岩者艾里克斯极为相像。亚历克斯在进行徒手攀岩之前，会无数次地攀爬目标山峰，记录下每一段路径与其特征，选择最佳路径，规避危机重重的位置，以保证在脱离了保护措施的时候依然能够成功登顶。

人们并非一开始就知道怎么去实现欲望，而是需要大量时间去思考与探索，以确定那个最佳路径。就好像我们遇到过很多异性，才知道自己最中意哪一种；去过很多城市，才知道最适合自己的生活方式；尝试了很多学科，才明白自己应当向哪个方向深造。唯有经历实证，才能从大量的正确与错误中找到自己与目标之间的最佳路径。

在这个过程中需要避免刻舟求剑、急于求成，以及被虚荣心过度干扰，需要极度地聚焦在目标的可行性上。当我们确实想明白了，在我们面前就会展现出一个以 3 年为周期或 5 年为周期的阶段性目标。这样的目标会让我们产生一定的压力，但也会给我们带来为实现目标而不断进化的安全感。

此时的我们就像山田本一一样，面对第一个目标心无旁骛地冲过去，在实现了第一个目标之后又能量满满地向第二个目标冲过去。也许每一个目标在宏大的欲望面前只是一个小小的碎片，但是在我们的积极行动当中，碎片会一点一点拼凑，最终呈现出我们心目中的理想模样，也让我们每一日的生活不再庸常。

目标的实现过程一定伴随着成功的酣畅淋漓与失败的冰冷残酷。但是没有关系，山就在那里，我们一遍又一遍地打磨路径，就会让我们下一次更加迅捷而正确，没有什么比这种苦乐参半的过程更让我们清晰地体会到，自己扎扎实实地活着。

03

有恒产者有恒心

秦可卿去世前曾经向王熙凤托梦，嘱咐凤姐一定要未雨绸缪："如今我们家赫赫扬扬，已将百载，一日倘或乐极生悲，若应了那句'树倒猢狲散'的俗语，岂不虚称了一世的诗书旧族了。"她建议王熙凤"趁今日富贵，将祖茔附近多置田庄、房舍、地亩，以备祭祀、供给之费皆出自此处，将家塾亦设于此"。

秦可卿的建议很有远见，第一，保住祖茔，让整个家族根源不断，保证后辈没有生存之忧；第二，设置家塾，以求未来开枝散叶，代代攀缘，夯实家族势力。第一个建议的核心在于保障资产，抵御风险，同时又能给家族的发展创造源源不断的经济支持；第二个建议的核心在于增强家族势力，扩充向上的管道，保证子孙后代富贵两全。

如果贾家只是平凡人家，自然只会关注当下的温饱和邻里的恩怨，旦夕间的祸福都无暇多虑。但他们恰恰是上可通天的富贵家族，拥有丰饶的物产与尊贵的地位，自然想要延续家族的繁华，所以能够把眼光放到百年以后，思量子孙后代的出路。这其中体现的，就是“有恒产者有恒心”。

囤积资产，自古以来就是人们保全家族发展所做的必要手段。虽然古时重农抑商，但是并不能压制人们对资产的思考与重视，从千古流传的成语当中就可见一斑：坐地加价、囤积居奇、奇货可居、水则资车、旱则资舟。这些成语都涉及交易与资产。

所谓资产，就是由我们过去的交易或其他事项所形成的，由我们拥有或控制的，会给我们带来预期经济利益的资源。也可以借用《富爸爸穷爸爸》当中通俗易懂的定义：资产就是能把钱放进你口袋里的东西。基于这句话，我们可以环视房间一周，看看自己的房子、家电、衣服、手表、包包、理财账户，看看自己所拥有的一切到底能给自己的口袋里放入多少钱。

优质的资产能源源不断地给我们创造收益。比如，腾讯的股票，十年时间价格增长了三十多倍；比如一线城市的房子，十年时间价格增长了十倍。而对比之下，劣质的资产很难在未来给我们带来足够的收益。比如，用过的唇膏、穿过的鞋子、开旧的汽车，这些物品放在二手市场上，相比它的入手价格，几乎是断崖式的下跌。

我们每天的行为，无论是买进还是卖出，围绕的都是资产的周转。对于常见的几种资产而言，门槛高低依次为，房产 > 汽车 > 家电 > 玩具 > 穿戴。当我们的购买力在上一层实现无望的时候，会自然选择次一层。在即时满足的欲望极为强烈时，我们常常是反向操作，穿戴 > 玩具 > 家电 > 汽车 > 房产，但是短暂的满足并不会为长远的幸福负责，无论是有意还是无意，这种自下而上的欲望达成模式都会让我们离最上层的资产越来越远。

我曾熟识两位家境、外表都类似的普通女孩儿，一个人在十年前刷了二十多张信用卡为自己买了一套房，另外一个坚持“投资”自己，买车、买包，全世界“打卡”。前者在二线城市房价暴涨之前化整为零，将北京的房子换了五套二线城市房产，现在已经有接近 1000 万的资产。后者始终觉得女孩儿“投资”自己就是“投资”婚姻，但是随着一线城市婚恋市场愈加严酷，她至今并没有找到那位能让自己拎包入住的先生。

有些人会说，北京房价那么贵，我买不起为什么不能消费其他的呢？当然，“人生得意须尽欢”，但在做出这个决策的时候，我们首先要看自己可以得意多久。北京这样的一线城市，就像大型的梦幻游戏乐园，年轻人以青春为门票纷纷涌入，远高于二线城市的薪资就像玩游戏的筹码，每个人需要根据自己的筹码选择属于自己的玩法。有的人选择了购买一线城市的房子，有的人选择了购买二三线城市的房子，有的人选择了自己可控的优质资产，有的人选择了衣服、包包。但是几年过去之后，选择优质资产的人均能获得稳定甚至丰厚的收益，购买穿戴的人则需要考虑这场游戏的下半场何以为继。

一线城市的拼搏从来不是安逸的，“996”的身心压榨，高额的房租，昂贵的日常消费与夜半的孤单霓虹，都是大多数人必须要承受的代价。人们在这个城市心甘情愿地“抛头颅，洒热血”，也用劳动所得为这个城市的消费繁荣买单。繁荣与笙歌让人们放大青春的快乐，但也让人们忘记如何用好自己手中的筹码。当我们的生产率降低到不足以适应这个城市的时候，会发现自己已经站在人生的十字路口，这些年来更像这个城市的消费品，并没有真正的积累，只是徒增折旧而已。因此，身处一线城市，面对资产的流动盛宴，我们需要在身体健康折旧之余，于这盛宴的弱水三千之中，取几瓢留在自己的碗里。

人们总是高喊跨越阶层，认为穿着昂贵的衣服与鞋子就能够与更高阶层的人平等对话，如果真是这样，那么跨越阶层便无门槛。阶层与阶层之间有大堆的垫脚石，资产，就是垫脚石里最好用、最通用的一种。随着你的资产规模不断增大，你会发现自己的人生效率也会持续提升。在郝景芳的《北京折叠》里，第一空间的人一天有 24 小时，第二空间的人一天有 16 小时，第三空间的人一天有 8 小时。这样的构思可以说对社会的洞察不可谓不透彻，堪称一个简化的社会阶层模型。社会阶层是社会效率分工的结果，高收入阶层拥有更高的生产效率，而低收入阶层生产效率偏低。资产的量级决定了你可以选择的生活方式，也决定了你可以具备多高的效率撬动更大的资产。

所以，**想要高一级的自由，就先控制低一级的自由**。当我们的资产规模发生跃迁的时候，我们的人生话语权才能发生跃迁，这个时候才有所谓的自由可言。当我们卸掉妆容，放下包包，脱掉各式各样的衣服，赤手空拳与他人面对面的时候，就是“有产者”与“无产者”的对话。**那些如同烟火般肆意流动的欲望，都应当落在真正沉淀价值的地方。**

03

第三章

用全面的指标自我定位

01
寻找属于自己的领先优势

领先优势源于正确的选择

我曾收到这样一条私信：

铬姐您好：

我是您的忠实听众。两年前我毕业于一所重点大学，目前在一家很好的咨询公司工作。现在我对自己和自己的工作都感到很困扰。毕业的时候我拿到的offer是全班最好的，当时让很多人羡慕，我也很有优越感。但是经历了两年的工作，我感到越来越力不从心了，几乎每天都处在极度的自我否定当中。我感觉逻辑不是我的长项，对于这种分析类的工作实在不"感冒"，无法想象自己一辈子干这行该怎么坚持下去。现在每天早上要努力调动精神才能去上班，总是浑浑噩噩的，非常焦虑，年终考核时相比同届的新人，我的业绩很落后，这和我大学的时候反差太大了。也许在老同学的眼里，我还是很让他们羡慕的，大学成绩好，工作薪资高、很体面。但是我现在身心俱疲，导致工作频频出错，真是太讨厌这份工作了。我也尝试投了一些简历，但是目前的我，只有咨询行业两年的工作经验，要么降薪去一些更差的岗位，要么还是干老本行。我不想做向下的妥协，也不想继续做这份工作，真的太迷茫了。我在想，我是不是根本不适合上班，要不要重回学校继续上学。

小鹿酱

可能对于一毕业没有找到好工作的人而言，小鹿酱一毕业就能找到好工作真的令人羡慕，但是小鹿酱每天面对赤裸裸的挫败感，一定是冷暖自知。曾经的她在同学眼里是个佼佼者，毕业后的前两年，也依然扮演着佼佼者的角色，只不过自己内心的呼唤与外在的角色始终冲突，让她越来越难以扮演下去了。如果失去了体面、高薪、优越感，她会难以忍受，但是真实的工作体验也很痛苦，负面情绪似乎就要压垮了她。

从校园进入社会是一个快速洗牌的过程，每个人都必须从适应校园规则转化为适应社会规则。我们在校园当中的很多荣耀与技能，未必能够在这个社会上延续，但是社会需要我们具备的能力，在我们面对一项项选择或挑战的时候又必须具备。小鹿酱在大学不可谓不优秀，但是进入社会后却经历了人生中的第一次“滑铁卢”。毋庸置疑，学校曾是适宜她发展的土壤，但进入社会后，土壤是复杂的。有些地方是酸性的，有些地方是碱性的；有些地方干旱，有些地方湿润。我们就是一粒小小的种子，蕴含着巨大的潜力，也全方位地承受着外界环境对我们的影响。因此，在我们考虑茁壮成长之前，首先要考虑的是如何选择适合自己的土壤。就好像在茫茫沙漠上，杜鹃花虽美，却无法生存；仙人掌卖相不好，却能傲然挺立。别人眼里的好和适合自己的好终究是两个概念。小鹿酱就是一颗等待被新土壤滋养的种子，但是她在做决策的时候没有研究清楚自己是谁，仅仅因为这个选择薪水高、看起来体面就迅速下了决定，而忽略了职场发展其实是选择适合的土壤，彼此相生的过程。如果不适合自己，一定会在不断的磨合中引发痛苦，更别谈获得领先的成就。

同样是拼事业，凭什么你就能比别人更有成就？有且只有一种可能，就是你在这个领域比别人占据了更多的优势并且做到了持续领先。关于如何具备领先优势，古人有一句话广为传播，而现代人也常常用来调侃，那就是“一命二运三风水，四积阴德五读书”。

这句话出自清朝文康先生所撰的《儿女英雄传》：“你道安公子才几日的新进士，让他怎的个品学兼优，也不应快到如此，这不真个是‘官场如戏’了么？岂不闻俗语云：‘一命二运三风水。’果然命运风水一时凑合到一处，便是个披甲出身的，往往也会曾不数年出将入相，何况安公子又是个正途出身，他还多着两层‘四积阴功五读书’呢！”

这里，我们聊聊最重要的前三项是如何改变一个人的人生的。

所谓命，是你中了怎样的“卵巢彩票”

社交是寻求共性的过程，但竞争是创造差异性的过程。命是一个人的出发点，也带给每个人最原始的差异性。

还是个孩子的时候，我各方面的条件就很优越。我的家庭环境很好，家人谈论的都是趣事；我的父母很有才智；我在好学校上学。我认为，我的父母是世界上最好的。这非常重要。我没有从父母那里继承财产，我真的不想要。但是我在恰当的时间出生在一个好地方，我抽中了“卵巢彩票”。

这段话源自巴菲特。他认为父母的影响和家庭的熏陶对他的一生影响极大，他在恰当的时间出生在一个恰当的地方，就好像抽中了“卵巢彩票”一样。

巴菲特所说的卵巢彩票与命的概念如出一辙。我们每个人都诞生在不同的家庭，生来就具备了不同的智力优势、容貌优势、财富优势、性格优势。这些优势的聚合对人的少年时代具有巨大的影响，成年之后的事业也往往受此影响。有些人中了

“卵巢彩票”可以子承父业，有些人生来“寡助”只能白手起家。人生前三十年，家庭所赋予我们的一切，深刻地影响着我们奋斗的速度与“加速度”。

所谓运，是你是否受益于社会的发展规律

智商、情商、家庭背景相似的两个人，毕业后选择了不同的行业与岗位，短期区别不大，但是长期看来却会有巨大的差距。如果其中一个人进入了飞速发展的新兴领域，那么差距更是云泥之别。这个区别并非是简单的个人努力带来的，而是外界事物的发展规律发挥了巨大作用。就好像一对双胞胎兄弟，一个人坐着跑车在高速公路上驰骋，一个人坐着拖拉机迂回在山间田野，必然带来速度的不同、体验的不同、风景的不同。前者风驰电掣地冲过终点线，后者却总因为起伏颠簸，频繁抛锚。等在终点相聚时，会发现你早已不是你，而我也早已不是我。

同样天赋异禀的两位女性，生在一百年前与生在现在，获得的财富与社会地位是完全不同的；同样是跳舞、唱歌的才艺，古代人看待从业者的眼光与现代人是完全不同的。改革开放四十多年来，每一位亲历者都坐在经济高速发展的火车上，迎来了人生风景的巨变，而在巨大的机会浪潮中，做出不同选择的人，又在属于自己的行业里迎来了人生的巨变。所以，历史的规律、社会的规律、文化的规律、行业的规律，都是作为

个体的我们无法与之相抗衡的。坐在那趟最快火车上的人，自然风景独好。

所谓风水，是你与所选择的环境是否互相成就

风水，本是古人的相地之术，本质上是希望环境对人发挥积极的作用。进入现代社会，我们自然脱离了很多迷信的束缚，但是也可以洞察到，在古人沿袭的理念里，环境对于人的作用是非常重要的。回溯人类长久的发展历程——劳作在麦田里的人创造了农耕文化，驰骋在草原上的人创造了游牧文化，依托海洋而生的人创造了海洋文化——人类与环境始终是相互依存、相互改造的关系。把周期缩短到人的一生，把样本缩小到每个人，那就是我们不应忽视所处的环境，必须关注生存环境对我们产生了怎样的影响。

在现代社会，每个人对自己的人生都拥有选择权。基于此，我们应当去选择那些能够让自己发挥积极作用的环境与领域，与自己生存的小世界彼此“相生”而非彼此“相克”。所谓相生就是彼此成就，所谓相克就是彼此折磨。就好比男朋友与你彼此督促，一起创造美好生活，此谓相生；男朋友成天挑剔你的高矮胖瘦，打压你，你也因此给他添堵，此谓相克。你选择一份事业，觉得很热爱，并且渴望做出成就，此谓相生；你被迫干一份工作，而且费劲全力却干得很差，此谓相克。所以应

当选择与自己“相生”的事业，你选择了它是它的幸运，它选择了你是你的幸运。毕加索选择了绘画，高斯选择了数学，爱因斯坦选择了物理，李安选择了电影……对于大师，正确的选择改变了属于人类的大世界；对于平凡的个体，正确的选择改变了属于自己的小世界。彼此“相生”，才能愉悦顺遂。

“卵巢彩票”固然令人羡慕，但是它对人发挥的影响有限，且主要集中在前半生。如果一个人天赋和出身很好，但是后面的选择不好且不加以努力，那就意味着他并没有达到自己本可以达到的上限。如果一个人出身普通，但是后面的选择越来越好，那么其一生的奋斗其实已经让他逼近了自己人生的上限。所以一个人的领先优势并非是静态的，而是处于持续的动态当中。虽然我们常常拿“一命二运三风水”来调侃，但是也能看出，自古以来人们对于个体如何具备领先优势是有思考的。古今中外的有识之士都喜欢探讨世界的规律，很重要的一个原因就是希望能够把握世界的规律，延续属于自己的领先优势。因此，关于个人的发展，我们不应闭门造车、刻舟求剑，而应寻求更加科学的指标来梳理自己的领先优势。这些指标不应当忽略个体差异，也不应当忽略环境差异，更不应当忽略时间的作用。这些指标不应当只是让人满足短期诉求，而是应当让人努力挖掘自己的才华，在漫长的一生中，尽可能达到自己可以达到的上限。

02
立足“基因”优势，顺势而为

天之道，损有余而补不足。人之道，则不然，损不足以奉有余。

——老子

人人都可以顺势而为

雷军曾说过一句名言：“只要站在风口，猪也能飞起来。”这句话强调了顺势而为的重要性。互联网创业大潮确实让很多创业者飞了起来，但是大多数人在风停了之后又不可避免地摔落在地上。为什么？猪不是鸟，它飞起来的同时定然会冒着自己无法驾驭的风险。最终的结果是鸟飞到了对岸，而猪摔了个粉身碎骨。他们可能临死都来不及想明白：你把握不住的势，就不是你的势。

那么，有没有什么势是我们一定可以抓得住的呢？有一个词叫优势，优势本就是一种势。

曾与一位前辈聊天，我问他："您觉得一个年轻人在奋斗的时候，怎么才能做到顺势而为？"

他回答道："先想想自己的亮点。大多数人并不是没有亮点，而是毕生都没有发现自己的亮点。有的人是大枣，九月份下枝头才最好，但他七月份就急着和其他的水果一起凑热闹；有的人是西蓝花，清炒着吃就好，但他偏偏要和五花肉一起凑热闹。人和人是不同的，横向看永远没边儿，只有纵向看，看清楚自己，才能知道哪块儿材料堪当重任。很多人一把年纪一事无成，都是左看看右看看，唯独不好好看看自己，最终在随随便便和左摇右摆中蹉跎了青春。"

"所以怎样才算是一种个人优势的顺势而为？"

"外部的机会是有限的，并不是它们来了你都能抓住。要先看自己内部，你已经拥有的才是自己真正能够把握的，发现它们并且把它们运用到极致就是顺势而为。这是趋利避害，只要你做了最适合自己，最能发挥自己优势的事，就不会在不适合的事情里徘徊，这对于大多数人来说，已经是资源和效率上的领先了。"

其实他谈到的思路在一级市场的早期投资中也是很常见的。做投资的时候研究初创企业，往往会考察创始人的"基因”优势，也就是他现在有什么。譬如，在这个行业有多少年的经验，积累了多少资源，个人对于行业是否具备深刻的洞察，个人潜力能够驾驭多大的盘面。只有他在“基因”上有优势，我们才有更多的理由相信，这份“基因”能够不断裂变，从大脑中的一个想法开始，裂变为一个行业的独角兽。如果创始人不具备做成这件事的“基因”，但依然想赤手空拳拔得头筹，那么我们有理由相信，他将不得不面临很多艰难的挑战，在面对“基因”更好的玩家时，更容易被击溃。

其实，我们每个人都在经营一家创业公司，这家公司就是我们自己。有的人经营能力惊人，名利颇丰；有的人经营能力欠佳，几乎要走向破产的边缘。所以我们在定位自己这家公司之前，首先要考虑的就是这家公司的“基因”是什么，如何沿着自己的“基因”优势顺势而为。

找到属于你的优势战场

从学生时代起，我们每个人可能都体会过“基因”优势的力量，它是一种毫无公平可言的资源差距。同一个班，有的人每天上课睡觉，考试却能名列前茅；有的人头悬梁锥刺股，成绩却依然是中游水平。因为擅长学习的那个人可以用基因“作弊”，在适合自己的战场，应对适合自己的指标，而后者反之。所以后者无论怎么努力，也只能行走在前者荣光的阴影之下。但是如果给这群人划分十个不同的竞争领域，有的领域考核数学，有的领域考核音乐，有的领域考核美术，有的领域考核体育，那么我们很快就会发现，一部分人的成绩会从落后转变为领先，因为他们找到了属于自己的优势战场。

所以“基因”优势是我们最重要的资源，也是我们在人生这个牌桌上重要的筹码之一。但凡你观察过40岁以上的人就会明白，靠自己的短板活一生，犹如拿着大刀拼大炮，再努力都会充满艰难与挫败，一辈子都难以志得意满。因此，在你奋斗的领域里，“基因”优势是保证胜出的重要条件。这里的基因并不单单指遗传基因，而是一种个人资源的综合。一个人的资源包括很多方面：智力、容貌、家境、眼界、情商、人脉……所有可以与这个世界发生联结与交换的个人资源都是我们的“个人基因”。“个人基因”可以是存量型资源，也可以是增量型资源，与生俱来的资产是存量型资源，自我奋斗的成果是增量型资源，但是它们都会在某些领域发挥积极的作用。

在事业发展的过程中，存量型资源会在前半生发挥巨大的作用，但是随着个人主观能动性的不断提升，增量型资源会在后半生发挥更大的作用。**少年得志是存量型资源的集中爆发，而大器晚成则是增量型资源对于人生的公正肯定。**

肯德基创始人哈兰·山德士是全世界范围内大器晚成的模范。儿时的他家境贫困，为了照顾弟弟妹妹，自学烹饪，因此练就了远近闻名的烹饪技艺，在大家的交口称赞中，他第一次发现了自己的“基因”优势。40 岁的时候，山德士运营一家加油站，除了加油服务，他还推出了自己的特色食品——炸鸡。由于味道鲜美、口味独特，很快就受到了食客们的热烈欢迎，以至于很多人来加油站不是为了加油，而是为了大快朵颐。然而不幸的是，二战的爆发让他的生意受到了严重的打击，政府实行石油配给，加油站被迫关门。为了偿还之前的债务，他甚至用光了所有的银行贷款，只能靠政府救济金过活。

站在命运的谷底，年过花甲之年的山德士坚信自己独创的炸鸡调料是自己的最大优势和救命稻草，于是山德士从肯塔基州到俄亥俄州，沿途兜售炸鸡的特许经营权。整整两年，他被拒绝了 1009 次，终于在第 1010 次才迎来了第一次成功。在他 62 岁时，盐湖城第一家被授权经营的肯德基餐厅终于建立了，短短 5 年时间，发展了 400 家连锁店，并且逐渐成长为一个世界性的品牌。山德士的人生跌宕起伏，但始终没有间断的是，在美食这条路上不断积累着自己的增量型资源。这优势让他乘风破浪，四海扬名。

除了某些做事的天赋是“基因”优势外，环境对我们的塑造也是一种优势。我有一个学霸朋友，他的父母都是教师，他从小上学面对老师，放学面对老师，寒假面对老师，暑假面对老师，以至于产生了巨大的逆反心理，一度非常厌恶这种条条框框的环境。大学毕业后他没有继续深造，而是去大公司做起了销售，想要脱离父母的羁绊，扎扎实实地接地气。但想来容易做来难，他这份销售工作不可避免地要与三教九流打交道，然而他从小生活在教师家庭，性格清高得很，称兄道弟地拼酒，简直要了他的小命。结果一年多下来，业绩不好，过得也很不开心，于是他心一横，从这家公司跳出来，充分发挥自己数学系高才生的优势，开了个奥赛工作室，给孩子们教授奥数。第一年投入和产出勉强持平，第二年简直门庭若市，收入是他做销售时的好几倍。

后来他对我说，父母那种波澜不惊的生活方式是他非常不喜欢的，但是也不得不承认，出生在教师家庭，一方面让他的学科底子和学习方法非常扎实，另一方面好像天赋一般，他就是很会给人上课。曾经处处碰壁的“垫底业务员”终于逃离了不属于他的路径，从家学中找到了自己的逆袭之路。

承袭家学的例子在政治、商业、学术领域是非常多见的，冰山之上似乎只是职业的传承，然而冰山之下是家学与社会规律不断嵌合的过程。上一代艰辛摸索的经验沉淀成身教言传，让下一代在某些领域天赋般地驾轻就熟。这是一种更为可贵的资源传承。

当我们选择进入一种生存环境的时候，关注的往往是这个环境中有哪些机会与竞争者，却很少从自己的“基因”优势层面考虑如何与环境中的机会博弈。如果我们无法在博弈中获得胜利，恐怕连原有的都会失去。

所以，天道酬勤应当是一种做事的态度，而不应当是一种决策的指标。竞争中勤能补拙是一种方式，带着优势进场也是一种方式。前者要求我们的进步有巨大的“加速度”，这样才能跑过那些自带优势的竞争者，后者就好像在百米赛跑中被赋予了提前起跑权，在合规的“作弊”中，更早获得大机会，更早获得大挑战，更早为自己跑马圈地。**一个人应当活得像一家公司，用发展的眼光看待问题**，在做任何选择的时候，先给这家公司做个最简单的 SWOT 分析，看清优势与机遇在哪里，再投身奋斗也不迟。

03

立足能量来源，主动进化

想要精通某事，必须对它真正上心；想在某个领域出类拔萃，必须为之痴迷。很多人说他们渴望成就一番事业，却不愿为此做出必要的牺牲。

我内心有源源不断的渴望，训练自己成为最杰出的篮球运动员，从不需要任何外在的激励。

——科比《曼巴精神》

他曾经在晚上11:30，凌晨2:30、3:00打电话给我，发短信给我，探讨有关低位背打、步法，有时候甚至是三角进攻（的问题）。起初，这让我很恼火，但后来演变成了一种特定的热情。这孩子有着你永远不知道的热情。这是关于热情最奇妙的事。如果你热爱什么，如果你对某样东西有着强烈的热情，你会登峰造极地去尝试理解或是得到它，无论是冰淇淋、可乐还是汉堡包。如果你能走路，你会（自己）去拿，即便是要乞求某人，你也会想办法得到。

——乔丹写给科比的悼词

是什么让我们的行为发生了进化?

几年前我在招聘的时候，面试一个新人，我问他一个问题："不考虑现实情况的话，你最大的人生理想是什么?"他回答："财务自由，然后做自己喜欢的事。"我再问："你喜欢的事是什么?"他似乎并不太确定自己喜欢什么，沉默了一会儿说："可以到处旅行，随心所欲地买自己喜欢的东西。"

赚钱似乎成了当代人普遍的理想，当我们问很多人"你喜欢赚钱吗"，相信绝大多数人会回答"当然喜欢"。但是如果我们启动关于如何赚钱的话题，比如做生意、攒资源、做二级投资、交易房产，相信只有一部分人愿意竖起耳朵认真听；如果我们把周期拉长到一年，再问这些认真听过的人，就会发现只有更少的人在学习和实践这些事。

很多人只是喜欢钱带来的享受，但是对于探索赚钱的方式并不感兴趣。真正喜欢赚钱的人，会把赚钱当作生活的主要部分，探索各种赚钱的方式并且坚持下去。他们的注意力大多都放在学习赚钱、执行赚钱这两件事情上，即便实现了财务自由，也依然能够对赚钱这件事情兴趣不减，保持各种形式的探索。如果我们对于赚钱没有产生真正的兴趣，那么我们往往不愿意思考该如何驾驭财富，更多时候会把注意力投射在金钱可以换来的物质生活上。

所以，**不管我们的理想是什么，如果它们的存在没有改变我们对于人生的想法，没有改变我们做事的轻重缓急，没有改变我们时间精力的分配，那么，这些事情恐怕就不能算作理想。**真正的理想是饱含热爱的，热爱作为一种性价比最高的能量，深刻地渗透在我们的日常生活之中。

因为成就，所以热爱 vs 因为热爱，所以成就

宁盈是我的一位老友，学业和事业不可谓不顺利，在职场打拼十年之后已经做到了大公司的高管。她走到这样的位置来之不易，但是她却跟我说自己进入了迷茫期。我说："你做到这个位置已经不是一般人能得到的了，就不要太焦虑了。"她说："我现在感觉非常乏味，类似的工作跳槽了几次，现在也算是高管职位。我常常想，以后怎么办，难道我一辈子就这样了？这种厌倦和焦虑已经持续一年了。最近在家里休了两周的假，本来以为能好好歇歇，可孩子也不让我省心，花大价钱给他报的兴趣班，每天都要逼着才肯去学。"

"是不是他不喜欢呢？"

“5 岁的孩子哪有什么喜欢不喜欢？本来我也不认为喜欢是一件很重要的事，小时候我也谈不上喜欢学习，但我父母的理念就很好，不是因为喜爱所以付出，而是因为付出所以喜爱。他们逼着我快马加鞭地努力了一学期之后，我当了第一，后来成绩基本上就没有掉下来过。那种遥遥领先的感觉是非常鼓励人的，我学习也越来越自觉，所以喜爱是需要勤奋来培养的。”

某种程度上，父母对孩子的教育模式就是他们世界观的映射，而父母的世界观又深受自己所经历的教育模式的影响。我觉得宁盈和她的孩子陷入了同样的苦恼：该如何坚持一件自己根本不热爱的事？

因为成就所以热爱，与因为热爱所以成就，似乎是一个鸡生蛋，蛋生鸡的问题。很多年来我一直不解这两件事情的区别，直到我遇到多年不见的郝竞。

郝竞从小就是典型的“别人家的孩子”，兼具聪明与勤奋于一身。而我是兴趣导向型的“受害者”，对不喜欢的事情“三天打鱼两天晒网”，对于喜欢的事情不惜通宵达旦。郝竞不一样，她非常均衡，每门功课都能做到雨露均沾。有一天，我们看到一位乐感很好的朋友一展歌喉，于是我羡慕地说：“我唱歌真的没有天赋，所以唱不好。”郝竞对我说：“我也没有天赋，但这个是努力可以改变的，多练习就可以和他一样好。”“练习”这两个字在学校里每天都会听到，但那天感觉振聋发聩，一方面我震惊于她的早熟，另一方面我责备于自己的懒惰。

后来很多年我们都没有见面。

我这种做事情凭借兴趣和天赋的特质让自己常年掉链子，因为学校对人的考核是非常标准化的，但我对于事物的喜好是脱离标准化的，这种标准之间的冲突让我并不擅长应付考试。但是郝竞不一样，她上学、升学、求职、婚姻都是稳稳当当的“别人家的孩子”。而我，始终在错乱的标准中寻找着自我。

所以在学校的很多年里，我给自己的标签是：不够努力，没有意志力，无法成为一个全面优秀的人，不适合应试教育，不适合上学。然而大学毕业后，我竟然来了一个180度的大转弯，工作当中的我完全没有在学校时那么堕落，反而成了一个挑剔狂+工作狂。为了工作忙到晚上九十点，依然意犹未尽，创业后更是如此。渐渐地我明白，原来我并不是意志力低下，而是需要被热爱的事情点燃。面对自己热爱的事情时，梦里都在思考；看着自己的想法得以实现，会获得巨大的正向反馈，深受鼓励，执行力自然也会迎来前所未有的跨越。

多年后由于出差，我得以再次见到郝竞。我以为她会意气风发，像当年一样，但是很意外，她已经不太努力了。大学毕业后，她进入了一家非常大的企业，一方面企业里人浮于事，上升通道非常狭窄，另一方面关系户很多，普通家庭出身的她完全没有竞争优势。有段时间，她也试图争取过，但总是吃瘪。这种没有具体标准的竞争让她陷入不曾经历的痛苦，深深地觉得在这个庞大而臃肿的体系之内，努力没有什么意义。于是生了孩子之后，她就彻底把重心放在了孩子身上。

这种变化带给我的震撼是非常大的，我突然明白了因为热爱所以成就与因为成就所以热爱之间的区别。前者是热爱驱动，是自发的、纯粹的，仅仅去做就已经足够快乐。这种形式的努力对外部的干扰并不敏感，反而更容易一心一意，专注攻坚，贯穿于努力之中的是一种以之为使命的信念感。后者是成就驱动，这种热爱是带有功利色彩的，人们热爱的并不是这件事情本身，而是通过这件事情获得成就与认同的过程。当通过外部评价驱动的行为失去评价体系的时候，人们会产生强烈的不安全感，就好像机器的行动指令突然失灵，所有的动作都会陷入紊乱当中。

现在看来，宁盈对孩子的态度与她工作的状态是一致的。她的努力给她带来了许多，唯独没有带来最纯粹的快乐，于是人到中年，开始质疑自己这些年所做之事的意义。也正是因为她的努力给她带来了许多，所以她认为自己的孩子通过努力也能得到很多，唯独不需要的，就是最纯粹的快乐。我不禁在心中喟叹优等生们的烦恼：因为足够聪明，所以能驾驭那些自己根本不热爱的事，也因为根本不热爱，等自己的事业进入平台期之后，便会强烈怀疑付出的意义。

热爱，性价比最高的能量来源

在我们的教育当中，真正热爱一件事情被放在了很靠后的位置。相信很多人从小都听过“学海无涯苦作舟”这句话，学习与探索世界本是一件快乐的事情，却与苦深深挂钩。学习被当作一件功利的、艰苦的事情，鲜有人推崇热爱对于人精神能量的滋养与行为状态的驱动。

西方人普遍认为天才是天生的而非塑造的，因此更倾向于让孩子顺应天赋发展，无论老师还是家长，都会鼓励孩子“Follow your passion”（追随你的热爱）。而东方父母更强调勤奋，认为勤奋可以跨越天赋的短板，甚至成就天才。在这样的思维角度下，当孩子失败的时候，父母会认为是孩子不够努力，而并非转移视角，帮助孩子寻找真正的热爱和天赋在哪里。因此，很多中国小孩都经历过父母的“比较暴击”：“你看看别人家的孩子如何如何优秀，你要是不努力，怎么比得过人家？”这种比较除了忽略了孩子的自尊，还回避了天赋的差距，父母一厢情愿地希望孩子用勤奋弥补自己没有能力传承给孩子的基因优势。

在高强度的努力之下，我们获得了应试能力的提升，却掣肘了情绪能力[㊀]的成长。

耶鲁大学一项学生心理健康调查显示，耶鲁大学45%的中国学生有抑郁的症状，而美国学生的抑郁比例是13%。关于中国学生为什么焦虑程度普遍偏高，人们认为，部分中国学生将考学作为一种获取承认的方式，而并非是发自内心的真正热爱，长期如此，不但会出现心理问题，而且会丧失学习的动力。EIC（城市教育优异计划）报告也显示，2013年只有75%的常春藤中国学生能够顺利毕业，比常春藤平均毕业率低了20%。

在我们的教育当中，热爱相对勤勉，总是被放在一个非常次要的位置上。当一个概念被放在一个很不重要的位置上时，人们往往倾向于花更少的精力去思考与尝试，那么就更难发现和体会这个概念对自己的价值与意义。因为勤奋有了文化基础，所以我们很容易被一些看起来很勤奋的"鸡血"概念灌输焦虑，譬如，有些博主声称自己每天只睡四个小时，工作之外一年还能看几百本书。这种勤奋程度让很多年轻人为自己的懒惰而感到羞耻，冲动地买回来一堆自己根本不喜欢也对自己无用的书籍，徒增压力。这种"勤奋学"比"成功学"更可

㊀ 情绪能力：喜怒哀乐是人的正常反应，情绪的适度自然流露，对人的心理健康有着重要的意义。父母的苛求、掌控、高压、漠视、不尊重，会造成孩子无法正视、管理和释放自己的情绪。负面情绪的长期堆积，会对人的身心健康造成多方面的不利影响。

怕，用勤奋占据道德高地，源源不断地制造焦虑，让人们忽略个体的实际需要，而试图用勤奋解决一切。**如果我们不问天赋、不问热情地咬着牙，长期做一些根本不适合自己的事情，无异于肉灵互搏的精神摧残。勤奋是个好东西，但是脱离了真正的热爱，那么它既不恒久，也不快乐，只会让我们如同一只空转的陀螺。**

我们在听到成功者的勤奋经历时，不应当仅仅局限于勤奋这一种特质。成功者总以勤奋来总结自己的成就，因为相比天赋、机遇以及资源的推动，勤奋更像一种富有亲和力且毫无门槛的优势。当成功者出于善意将自己的成就只归于勤奋时，会让听众更加平和地接受自己与成功者的差距。成功者很难真诚地告诉别人，自己在这件事情上是多么富有热情与天赋。他们有一个高性价比的能量“外挂”，在顺境时是养料，在逆境时是明灯，这必然让他们比绝大多数人有更大的概率脱颖而出。

人始终受制于自己的精神世界，我们只能在自己精神资源的上限之下奋斗。因此，随意过一生与在自己的热爱之中过一生，注定是两种完全不同的人生。与 18 岁时毫无准备地扑向世界不同，人到中年之时，应当是厚积薄发的时刻。30 岁之后的我们，年富力强，不再受制于父母，不再受制于学校，无须在学历上挣扎，已经经历过摸爬滚打，积累了相应的社会资源，内心世界也被磨砺得从容不迫，更应当找到真正属于自己的热爱，源源不绝地释放后劲。

04

立足外部需求，吃透红利

影响长期收入的三要素

观察下面这张图，看看你的职业落在哪个象限？

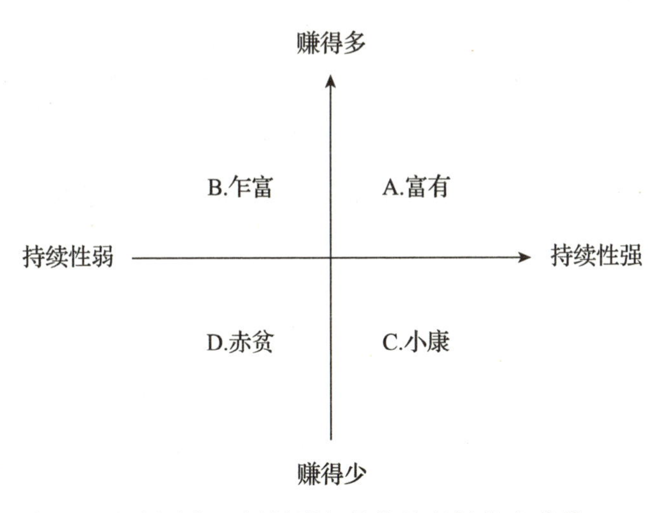

在下面这张图中，判断哪条是你的职场收入曲线？

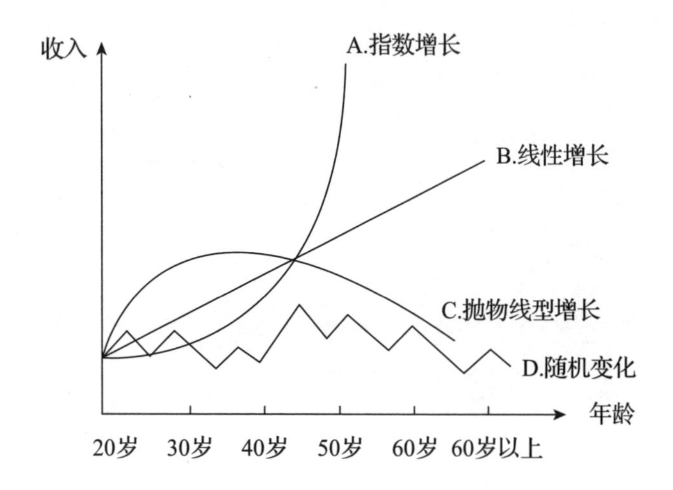

当然，所有人都希望自己是A象限、A曲线，但是大多数人都是B象限、B曲线，或C象限、C曲线。为什么会发生这种情况呢？我们可以对照自己的职业问自己三个问题：

我的个人优势相对市场需求是否处在稀缺位置？

我所处的行业目前在该行业周期的哪个发展阶段？

我的职业收入随着年龄增长是否具备正向可持续性？

如果你的答案是稀缺、早期、可持续，那么恭喜你，你未来有很大的概率变“土豪”。如果你的答案是不稀缺、晚期、不可持续，也许你应当考虑换一份更有前途的工作了。那么稀缺性、周期性、可持续性到底会怎样影响我们的职场发展呢？

优势的稀缺性

作为一个人才，市场上有多少人和你所持有的能力、资源相近？

上大学的时候，我在一家中型企业的市场部做实习生，常常会接触到晴宇，这家公司的 CMO。我认识她的时候，她已经怀孕了，不过每天还是雷厉风行，丝毫不耽误效率。有一次加班很晚了，我在工位上吃外卖，发现她也在，于是就过去跟她打招呼，她示意我坐下一起聊聊天。在汇报完最近的工作情况后，我出于好奇问她："您是什么时候来的公司啊？"

她笑了笑说："两个月前啊。"

听到这个，我是非常意外的。因为看得出老板对她格外器重，像是共事了很久的样子，更重要的是，她是孕期入职。"我以为您来了很久了呢，那您是孕期换的工作？"

"是啊，是不是胆子很大？"

"确实，之前听说女性婚育会被职场歧视。"

她笑了笑说道："咱们老总啊，挖了我一年多了，刚开始我没有答应，因为我那边还有个很重大的项目在忙。后来项目忙完了，我竟然怀孕了。他后来又来找我聊，我就如实告诉了他这件事。他竟然说没关系，他愿意为我多付出成本，开玩笑说现在不挖以后就挖不着了，还让他夫人给我安排了一家月子中心。”

“喔……”我低下头继续扒饭，心想，人才得到的待遇就是不一样啊。后来在共事中，晴宇的能力确实让我佩服得五体投地。除了能做好市场方面的工作的部分，她对供应链也很了解，募资能力也很强，绝对是公司的二号人物。体力方面也让我这个年轻人自叹弗如，她产前一周还在工作，月子中远程指挥工作，后来去全国各地出差，放心不下孩子，竟然带着孩子和保姆一起出差。能找到这么厉害的人，每个老板都会偷着乐吧。

女性在育龄阶段被职场歧视是一个普遍的社会现象。很多企业认为女性在这个阶段会因为生育而影响其在工作当中的生产力，所以尽管有法律约束，但是在很多看不见的环节，育龄女性的职业发展依然遭遇掣肘。但是晴宇给尚未正式步入职场的我，上了职场中很重要的一课，那就是你到底有多大的稀缺性？

后来我离开公司时，专门发短信跟晴宇表达我对她的钦佩与感谢，告诉她我想成为她那样的人。她回复我说：“如果你想要拼事业，就要知道现实的冷峻和残酷，它不会因为你是女性而给你更多的照顾，同样也不会给一个男性弱者更多的机会。你所能驾驭的资源越多，你的不可替代性就越强，只有你不可替代时，才有挑拣机会的权利。”

她这段话对我影响很深，很多年来在任何岗位上，我都秉承一个原则，那就是“人无我有，人有我优”。我始终希望能够为自己创造出足够的稀缺性。

那么到底什么是稀缺性呢？我们先来看看下面几种职业的收入（以一线城市相对普遍的标准为例）：

一个流水线工人，月收入5000元；

一个新媒体运营，月收入15000元；

一个市场总监，月收入30000元；

一个小公司老板，月收入100000元。

我们会看到不同的职业之间，收入有非常大的差距。因为每个领域需要不同的进入门槛、从业经验、资产规模、能力架构、所辖资源……当一个人能满足的指标在其所奋斗的领域具备足够的稀缺性，那么他就有更大的概率获得更多的经济收益。譬如，任何一个心智正常的健康成年人都可以担当流水线工人，这个门槛最低；具备一定的文字创作能力才能做新媒体运营，文字能力需要从业者在过往的教育和工作当中有一定的历练；具备三到五年的市场活动经验才能做市场总监，这个岗位的门槛是对市场工作有成熟的实操经验；具备一定的资源与抗风险能力才能担任公司的老板，所以作为老板自然能拿公司利润的大头。不同的职业表面上是收入的差异，背后是人们潜在的价值和创造力之间的差异。

某知名女网红多年前曾在网上说："聪明女人里我最漂亮，漂亮女人里我最聪明。"

这句话的意思是，自己在关于女性的两个评价体系当中同时创造了稀缺性，那么自己就是稀缺中的稀缺。因为这句话，一时间更多人知道了她。婚恋的竞争、职业的竞争、公司的竞争，都是个体价值稀缺性的竞争。不过，在不同的竞争赛场中，因为目标受众和竞争对手不同，所以标准也是完全不同的。就好像一个人在职场上非常有竞争力，却不一定在婚恋市场上非常有竞争力，不一定在创业者当中非常有竞争力。一旦环境发生迁移，应对新环境的指标也一定会发生变化，我们必须做出适度的调整，用新的稀缺性应对新环境。只有拥有稀缺性优势，才能得到稀缺性待遇。

比如"微信之父"张小龙，早上总是无法按时起床上班，腾讯开例会时他总是以起不来为借口不去。马化腾想让自己的秘书叫他起床，张小龙又以路上太堵，赶不上为由拒绝了。于是马化腾每星期都派车来接张小龙开例会，张小龙只好半推半就地接受了开例会的规定。如果是普通员工，无法正常上班，按时开例会，恐怕人力主管早就跟他约谈劝退了。但是张小龙在自己的习惯上有很大的自由度，因为马化腾知道，产品

“大咖”有很多，张小龙只有一个。如果自己不能唯才是举，那么他想对产品做的很多战略性推动，就不会有更适合的人实施。

这种情况并不只是在腾讯才有。当一个人所具备的稀缺性在行业内比较明显的时候，会在行业内具备更高的薪资标准；在极度明显时，很多求贤若渴的机构会对他做出超越常规的让步。这也是“越强大，越自由”的本质。

行业的周期性

市场对于某类人才的需求处于发展的早期、中期还是晚期？

在过去的一百年当中，很多曾经流行的职业逐渐悄无声息地走向了灭绝，譬如，打字员、钢笔维修师、抄写员、流动照相员等。在二十世纪八九十年代，出租车司机还属于一个高薪职业，但是现在，公共交通、驾驶技术和私家车全面普及，出租车司机的收入也降到了比较低的水平。一个行业可以长红，自然是最好的，如果它的发展周期是清晰可见的，那么我们加入的时机最好是早期和中期。如果是早期，虽然冒着一定的风险，但是也有较大的概率成为行业红利的受益者；如果是中期，虽然收益较早期少，但是风险也小，收获的是一个规范的从业环境；如果耗到晚期，就不得不面临行业从业者的大量流失，自己也会成为行业衰退的牺牲品。

工作原因，我接触的同龄人有区块链圈的、互联网圈的和PC硬件圈的。三类人基本上都是在2011年之后进入自己的圈子的。进入区块链圈比较早的，往往在很早期就看过中本聪的白皮书，受其影响获益很多。互联网圈的人经历了互联网创业的爆炸式发展，薪水一度跟随市场膨胀得很快，明显与同龄人拉开了差距。但是大多数人因为进入时间还不够早，所以往往以打工者的身份跟着浪潮前进，这些人当中只有少数能够跟着公司上市的人获得了上市红利。PC硬件圈里大家基本上都是按部就班地工作，不像互联网圈一样“996”，饱受身心压榨，但对于薪水也没有非常激进的期待。进入2020年，他们的资产排序状况为（含房产）：区块链圈（几千万至上亿）> 互联网圈（几百万至上千万）> PC硬件圈（几百万）。

除了财富收益上的差距，行业的特质也会给人带来深刻的影响，就像原生家庭对个人的影响一样。如果一个人从事一个行业五年以上，自身的意识形态就会有明显的行业风格烙印，而且这种烙印在比较长的时间里都难以抹去。

如果你进入的是一个发展周期处于相对早期的行业，经历着行业的快速发展，就像坐在快艇上一样，风驰电掣的感觉会让你对于世界的认知和自身的前途抱有更激进、乐观的态度，你会很自然地认为未来是可以期待的，目标是可以实现的，赚钱是可以很快的，自己的努力是必定有收获的。就好比之前的互联网创业潮一样，程序员和产品经理非常抢手，有一定资历的人很容易通过跳槽获得薪水翻倍和职级上升的机会。在这种行业推着人走的状态下，整个行业的从业者都会对自己的未来有比较乐观的认知。

如果你进入一个行业之前没有进行慎重的考量，导致自己进入了一个衰退或者停滞不前的行业，那么你对于激进、发展、乐观、创造、颠覆这些概念就会很陌生。因为你目之所及的一切都是缓慢运行甚至衰退的，你很难超越自身赖以生存的环境来思考自己的发展。在这种环境下，所有人对自己未来的判断更倾向于保守、悲观。由于行业一年不如一年，大家必须要在不断缩小的碗里分得自己的一杯羹，各种形式的斗争会趋于白热化、内卷化。因为人之本性是保障生存，当生存资料有限的时候，各式各样的生存手段自然会大行其道。

所以，进入一个行业之前，不妨先看看这个行业过去十年的增长数据，以及一些可靠的预测性观点。如果该行业是未来的大势所趋，或始终具有强劲的增长速度，也许你应该毫不犹豫地跳上这艘“火箭”。

价值的可持续性

随着从业时间的推移，你在这个市场的价值是增加的还是

减少的？

（1）职业发展的可持续性

有些职业一开始很完美，但是它能带给人的红利是非常有限的，等到这个人过了青壮年，红利就濒临消失。有些职业一开始略微艰难，但是随着时间的推移，红利会逐渐显现，甚至迎来明显的向上拐点。这是我们选择职业时必须考虑的问题。

我曾陪朋友参加过某外资保险公司的招募活动。我发现来参加招募活动的人，年龄普遍在 35 岁左右，与早年保险行业从业者学历不高的情况相反，参加保险业务员竞聘的人大多具有本科、硕士研究生甚至博士研究生学历。而且通过交流，我发现他们很多人在自己过往的工作履历中，都具备中层管理者的经验。既然已经有了富有竞争力的教育背景和光鲜的职场履历，为什么还要选择中途折返，切换到一个全新的行业，从零开始呢？

每个城市略有不同。在北京，很多人 35 岁就开始谈中年危机了，因为在北京的外企和私营企业里，35 岁左右是一个比较明显的转折期。对于家庭而言，上有老下有小，势必需要更充裕的经济收入，但是 35 ~ 40 岁之间的人，并不像 25 ~ 30 岁之间的人，薪资能够达到很高的增长速率。从职业选择的机会上而言，中层以下的岗位更青睐 30 岁以下的人才，而高层的机会又非常稀少，“金字塔”中间的人会处于一个无法上去也不能下来的夹心状态。一些人选择了等待，或者通过跳槽来寻求升职加薪。还有一些人开始考虑自己的后半生，如果频繁跳槽，到最后势必跳无可跳；如果持续等待，即便升上去了，40岁之后可以拥有的选择也会变得更少。考虑到保险行业可以后半辈子一直做下去，同时又能实现这些年人脉的变现，所以很多人在十字路口调转车头，选择加入保险公司，启动自己在保险公司体制下的创业。

这是人到中年的一种选择，也反映了每个职业的可持续性是不同的。我们在医院里、学校里经常能够看到一头银发但精神矍铄的学者、专家，但是很难在广告、媒体公司看到40岁以上的员工。我在互联网公司供职时，整个公司的平均年龄竟然只有25岁，26岁的我已然是大龄员工了。医学与学术经验是一个不断积累，从量变到质变的过程，人们往往认为年龄更大的大夫经验更丰富，更具有解决疑难杂症的能力，而学者类似，我们熟悉的屠呦呦女士获得诺贝尔奖时已经85岁高龄了，这个年龄听起来就非常励志。但是广告、媒体、互联网公司，需要做的是紧跟市场变化，在竞争和高压中创造成果，“996”是常态。随着年龄的增长，有些人会在生理上无法应对巨大的工作压力；有些人会对新事物的热情和敏感度降低；还有些人会选择自己创业。那些无法自立门户又不能接受工作压力的人，往往就会站在人生选择与家庭压力的夹层之中。

职业的薪酬与体面自然重要，但是可持续性会在我们的后半生发挥越来越重要的作用。如果自身的职业不具有可持续性，自己又不能另辟蹊径开拓沃土，那么很可能在我们最年富力强的时候已经是此生的高光时刻了，等到四五十岁有更丰富的社会经验和更旺盛的经济诉求时，这些职业却不再需要我们了。大家都希望人生的高光时刻来得越早越好，没有多少人愿意忍耐几十年的孤独打磨，等待中老年时才发光发热。但是从人生幸福度而言，倒吃甘蔗——越往后越甜，才是更好。我们去日本、韩国、美国，都会看到很多高龄的服务业从业者，不少人在年轻的时候曾有过体面的工作与生活，但是老了之后，在个人生产力最低下的阶段，不得不从事极为消耗体力与尊严的工作，这是非常艰难的挑战。无论生活品质、经济收入、个人尊严，还是社会地位，都是入奢容易入俭难，如果人到中年才发现曾经引以为傲的一切不可持续，那种衰颓的无力感比年轻时的困窘更令人痛苦。

(2) 及早对冲职业发展的不可持续性

我和两个好友，是前后脚大学毕业。晓彬进了互联网公司做程序员，小涵进了外企。都是普通家庭，白手起家，8 年时间，晓彬已经有了 7 套房产，小涵依然和大学毕业第一年一样，消费至上，每月还“花呗”。在我们刚毕业的年代，还没有什么人能够意识到中年危机的存在，所以包括我自己，都秉承“今朝有酒今朝醉的”生活。

小涵每年会固定规划两次横跨半个地球的旅行，出行一定要住高端酒店，租房一定要在市中心，吃穿用度以大牌和奢侈品为主，工作三年贷款读了 MBA，持续为自己的职场充值。

晓彬是个男生，家境较小涵差一些。毕业时他立志要留在一线城市，在一线城市当中他选择了落户不那么艰难的深圳。工作两年后，他给自己做了一个定位：①写代码不错，但是做不到顶级“大拿”；②程序员职业生命周期有限，要想好后路；③40 岁后成为多品种资产的职业投资者。此后的 6 年里，他成了一个职业房产投资者，所有的业余时间都用来研究房产和杠杆投资，除了日常吃喝，账户上的每一分钱都用来投资。30 岁时，他收获了一线城市 2 套房，二线城市 5 套房，其中大部分房子都实现了以租养贷，40 岁退休的计划指日可待。

然而小涵却在这几年迎来了事业的“滑铁卢”，她所在的机构撤销了在华办事处，她被迫开始找工作。不幸的是 2019 年求职环境非常恶劣，寻觅半年之后，她终于以降薪的方式进入了一家民营企业。

人无远虑，必有近忧。晓彬和小涵的奋斗历程就是两种生存模式，前者认识到了自身职业的局限性，提前寻找方式对冲；后者低估了一线城市的残酷性，并没有为未来的可持续发展做准备。前者是资产积累型，自身的经验和收益都具备可持续性；后者是时间售卖型，每个月更像一手交钱一手交货，收到的是很快就花完的工资，交出的是再也不复回的青春。晓彬过去形成的经验模型会越来越完善，在未来发挥更大的作用，而小涵如果没有在开源节流的能力上有大的提升，则不得不面对寅吃卯粮的问题。

现在打开网站和公众号，到处都在说副业是刚需的问题，但是让你多买一包烟，多买一身衣服的副业算不上真正的副业，只能叫赚点零花钱。能够可持续发展，对冲职场风险，甚至有一天替代职场收入的副业，才值得我们认真构建与经营。

(3) 不同的职业模式对思维方式的影响

资产积累型与时间售卖型两种生存模式，不仅能够给我们带来不同的收益增长，也会让我们的思维与行为模式在潜移默化中发生改变。以父母这个角色为例，自己经营企业的父母，焦虑感往往要远低于为企业打工的父母。因为前者是资产积累型，常年的生存关键词是“掌控”。这使得他们对于人生有更为长远的规划，随着企业业务量的增加，他们往往更有实力做更丰富的资产配置。培养子女时也是朝着接班人的方向言传身教，让孩子成为更好的领导者、资源驾驭者、规则制订者，而不是成为其他标准的无条件服从者。在企业打工的父母则不得不面临相反的境遇，自己的40年始终围绕着“被认可”奋斗。被认可的前提是满足他人所设立的标准，在学校满足老师，在公司满足老板，致力于把自己打磨成他人标准下的佼佼者。同时自己的职业资源只是他人所构体系的组成部分，自己因体系得来的社会地位无法传承，所以孩子必然会和自己一样，进入统一的社会评价体系，从学校输送至社会，被组织机构选拔，然后根据组织机构的筛选逻辑一层层往上爬，重复自己曾经的奋斗路径。这是一环又一环的连续筛选机制，每个环节都不能拖后腿，因此父母的心理压力必然持续处在高位。

资产积累型父母传承给孩子的是资产积累的生存模式以及可继续积累的资产，时间售卖型父母传承给孩子的是如何更高效率、更高品质地售卖时间。

因此，我们在考量一个职业的时候，需要考虑这个职业带给我们的收益是否是可持续的。这个收益包括收入以及在市场上的可兑现能力、经验与社会资源，它们是否会因为我们的年龄增长而过早衰减。如果人到中年，收益的衰减不可避免，我们就需要考虑一下，如何增强自己的抗风险能力，能够让自己的后半生延续前半生的积极增长。

这个方式必须是积累型的，这样才能随着经验和时间的推移令自己持续受益。比如晓彬，构建了自己的投资模型，为自己储备了足够的投资经验与资金池；比如习得一门每年都会正向精进的手艺，从兼职做起，直到它成为创造主要现金流的主业；比如启动一项生意，一开始不必期待很大，先以小赚为主要目标，渐渐托起梦想；比如整合某个领域的资源，随着时间的推移，成为这个领域资源的执牛耳者。这些尝试并非难度高到无法启动，但是需要持续的实践与时间，一旦探索出适合自己的模式，形成经验的规模复制，那么年复一年的收益增长便指日可待。

04

第四章

用极简的标准自我管理

01
注意力，自我管理的唯一指标

女性的事业后劲为何所限?

曾与一位女企业家交流过一个老生常谈的话题：在大学校园里，男女学霸往往各占半边天，但是进入社会之后，为什么有些女性在事业上的后劲不如男性？除了一些众所周知的原因，她提到了一个很少有人注意的事情，那就是男女的注意力差距。

她认为在工作中，男性的狩猎型思维往往较女性更为明显，面对任务的目标导向性更加明确，他们花费更少的时间和情绪在与目标无关的细枝末节上，有时甚至显得无情无义。而女性更具备采集型思维，好处是多线程工作能力相较男性更强，但是在工作中比较容易把注意力纠缠在情绪内耗与细枝末节上面，让自己在争取机遇的时候不够果断。

从注意力分配的角度来说，女性的注意力更容易被各种生活细节耗散。日常生活中女性比较爱美，早上化妆一小时，晚上护理一小时，闲暇自拍一小时，周末逛街逛一天，再加上美容美甲等体肤护理，经年累月，在一些很“女性向”的事物上花了大量的时间，那么花在思考和工作当中的精力无形中就被挤占了。但是对于男性而言，此类的享受较少，即便是一些娱乐性质的活动，也往往在其中掺杂了不少事业合作的因素。所以，在注意力的分配结构上，男性要比女性更加单一，也更容易聚焦。

除此之外，从生理的角度来说，男女在工作中可以拿出的注意力往往也有一定的差距。男性的平均体能较强，在熬夜、高负荷运转上精力更加充沛；女性不仅在体能上较弱，而且一旦婚育之后，需要被迫承担比男性更多的家庭责任，为孩子的事情牵肠挂肚，导致在事业上分配的注意力不够多。

这其中反复提到的一个概念，就是“注意力”，以及衡量注意力差距的两个重要标准，质与量。如果一位女性既想要漂亮时尚，又想要快速成长，还想要儿女绕膝，又不放过事业发达，那么必然伴随着极高强度的自我压榨。从我认识的不少女 CEO 的睡眠时间来看，确实如此，有的人甚至每天只睡 4 个小时，剩下的 20 个小时一点也不敢耽误，争分夺秒如打仗一般。

注意力资源四象限

在过去关于个人管理的概念中，我们常常会提到时间管理，但是极少有人提出注意力管理。这两种管理之间的区别到底在何处呢？

所谓时间管理，是让我们通过既定的计划与方法高效利用时间，从而实现既定任务的过程。

而注意力管理，则是让我们活在当下，把自身精力高度聚焦在此刻最重要的事情当中。

时间管理本质上是在既定时间段内，调用注意力完成任务的过程。时间只是事情过程长短和发生顺序的度量，是一个参数，我们无法人为将它拉伸或者压缩。因此，这个过程中我们管理的并不是时间，而是自己的注意力。注意力是抛向外部世界的“锚”，让我们将自己的精力停留在某些具体的事情当中，从而与之互相影响。

即时的注意力调动会激发我们新的情绪与想法。比如：

从机场回家的路上突然发现行李箱忘拿了，于是开始担心里面的物品会不会丢失；

看电视时突然听到雷声，看着外面风云骤变开始下雨，心想今天又不能出门了；

工作没完成，心情很郁闷，突然收到短信显示奖金到账了，瞬间变得开心起来。

长期的注意力调动会创造一些实际的进步与成就。比如：

长期研究投资理财，今年的投资收益终于达到了20%；

长期钻研某个学科，今年终于在国际上发表了一篇有影响力的论文；

长期把注意力放在事物的积极方面，发现自己的幸福感越来越强了。

注意力是我们与外部世界之间的管道，让我们感知世界、改造世界，也被外部世界所改造。

那么如何使用注意力，才能让我们与外部世界的交互价值最大化呢？

我们可以简单地以两个指标来衡量注意力的使用情况，一个指标是事情与自己的相关性，另一个指标则是事情对于自己的价值。

第一象限：把注意力放在与自己相关性强且价值高的事情上面

比如，执行工作中的重要目标，提升工作中的必备技能，搞定合作中的“大咖”人物，思考一个全新的创业计划。当我们把注意力放在第一象限时，会很显著地给我们带来能力与潜在收益的巨大提升。

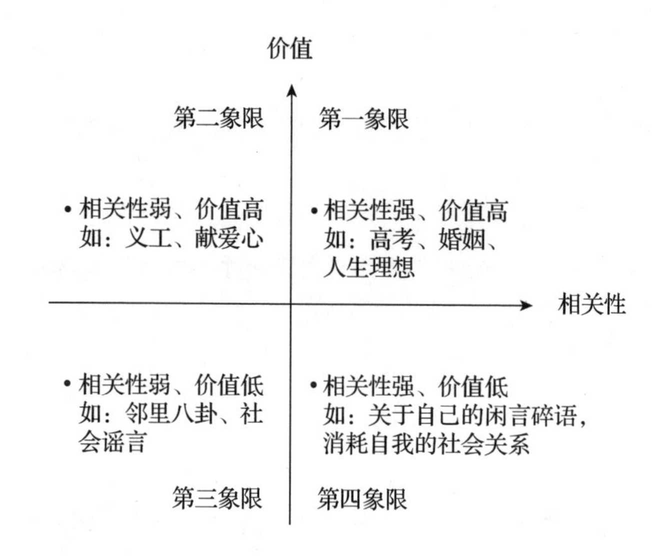

第二象限：把注意力放在与自己相关性弱但价值高的事情上面

比如，研究外太空最新的探索成果，聆听美妙的音乐，去福利院做义工，在网上呼吁群众为灾区捐献物资。当我们把注意力放在第二象限时，虽然给我们带来的功利化收益较少，但是精神世界的满足较大。

第三象限：把注意力放在与自己相关性弱且价值低的事情上面

比如，讨论同事的私生活，在大街上围观吵架，听信和传播一些谣言，刷社交网络羡慕别人的光鲜生活。当我们把注意力放在第三象限时，不仅不能给自己和社会带来正面价值，还有可能产生负面影响。

第四象限：把注意力放在与自己相关性强但价值低的事情上面

比如，关注别人对自己的闲言碎语，与不适合的人在恋爱中纠缠，陷入对未来的幻想却不能付诸行动。当我们把注意力放在第四象限时，我们会被负面因素所掣肘，而且这些因素往往带来心理层面的干扰，让我们无法精力充沛地活在当下，无法把注意力聚焦在那些有价值且与自己相关性强的事情上。

所以，我们在做注意力管理时，应将当天的注意力分配情况进行分类，看看自己在这四个象限分别花了多久的时间。理想的情况是，把绝大部分的注意力放在第一象限，少部分放在第二象限，同时尽可能少地被第三、第四象限的事情所干扰。因为每天24小时，我们的注意力是极为有限的稀缺资源，在不必要的位置放置太多，就意味着在必要的位置不够充沛。

注意力就像一种以时间为单位的资产，影响总资产价值的，在于它用多少时间锚定了什么样的事情。

单位注意力 × 价值系数 × 时间总量 = 注意力总价值

每个人每天都拥有24小时，这是世界上少有的公平配给，但是并不是每个人每天都能拥有8小时以上的高品质注意力。有的人将注意力放在高价值系数的事情上，从而让时间发挥了巨大的价值；有的人将注意力耗散在低价值系数的事情上，让时间这种免费的、公平的资源，无法充分发挥价值。

贫富差距中的隐形资产：注意力资源

人们常常会认为阶层与阶层之间的差距体现在资产与社会地位上，却很少关注到，不同阶层注意力资源的差距让现有的差距有了持续拉大的可能。

比如，很多企业家常年保证了大量的高品质注意力资源。日常生活中，他们有秘书、保姆、司机等基础的人事配备，为他们代劳那些低价值的小事，让他们能够将所有的精力放在高价值的事情上面。由于降低了不必要的时间及精力耗散，加之对事业的主观能动性很强，他们可以做到睡眠时间比基层员工更短，工作时间比基层员工更长。虽然是连续工作，但是工作内容的品质始终很高，注意力可以全部落在对企业的战略发展思考上，比如会见各式优秀伙伴，针对性地以实践为目的学习……这个过程不仅是为企业创造价值，也是持续性的自我训练——用高强度、高品质的工作训练高品质的能力。

而基层员工每天只工作 8 小时，层级所限，这 8 小时的工作往往是重复性的，每日区别不大，甚至每年的差距都并不明显，而且工作之外还必须花时间对大量的生活琐事亲力亲为，更加压缩了自己能够用于价值创造的注意力资源。前者每天能够用 16 小时专注于高品质回报的工作，而后者每天用不足 8 小时的时间专注于低品质回报的工作，那么随着时间的推移，很自然地，强者愈强，人们之间的思维认知、社会地位与个人财富差距也会持续拉大。

注意力资源的差距在下一代的培养当中也非常明显。很多企业家在他们的子女接班之前，都会有一个优质资源的密集培养过程。除了优质的教育资源，他们还会让子女先在社会上针对性地历练，然后进入家族企业的业务中，当子女把业务摸透之后，又会派遣至总裁办等战略性岗位。在培养的过程中结合动静之势，动是在业务岗打天下、做执行、带团队，而静是在战略岗充分思考，构建深邃的思维。这些锻炼都是稀缺的，量身定制的高品质挑战。在整个培养过程中，被培养者的注意力都被放在非常有价值的事情当中，辅以上一辈的言传身教，全身心地沉浸其中。虽然最终结果未必能够赶得上父辈，但是也能在飞速的个人成长中具备传承衣钵的能力。

相比企业家的子女，做底层工作的普通孩子就不那么幸运了。即便在基层混迹多年，他们的思维深度依然很浅，其实并不是他们不思考，而是每天把精力放在无数漫无目的的想法，简单重复的工作和不得不应对的家务事上面，不经意间轻易耗尽了所有精力。冷静专注的深度思考必然需要大量精力上、时间上甚至空间上的自由，这些恰恰是他们很难具备的，光是合租屋中的邻里矛盾与吃了上顿没下顿的焦虑感，就足以让人疲惫不堪。因此，他们的浅层思考与深层思考在争夺注意力的时候发生了非常激烈的竞争，在这场竞争中，宝贵的注意力不得不放在如何解决那些看似生存攸关，但对个人成长和积累财富根本不发挥作用的事情上面。长年下来，他们既没有机会了解做什么事情才能让自己的命运发生改变，也没有机会锻炼自己解决那些复杂而重要问题的能力，只能被困在低价值的注意力资源当中求生存。**命运并非无法改变，但是环境的恶劣会让人只能通过认命的方式缓释奋斗无门的焦虑感。**

像打理个人资产一样打理自己的注意力资源

有人将思维的短视和远视定义为穷人思维与富人思维，其实这本质上就是一种注意力资源的分配。有的人把注意力放在增长上，有的人把注意力放在生存上，两者的价值系数有很大差距，最终，聚焦增长的人真的可以做到增长，聚焦生存的人只能做到生存。两种人长期生活在完全不同的思维模型中，应更好地适配自身的环境，在环境的限制之下，自己的思维模型之中，尽其所能寻求最优解。持续贫穷的根源在于注意力资源的持续贫穷，甚至可以说从未聚焦过注意力在一些真正创造财富的事情上，以至于个人注意力资产的品质极低，无法用于创造财富。

有句话叫作“你不理财，财不理你”。也就是说，如果你不考虑和执行与理财相关的事情，财富也就与你无缘。这个道理放在注意力管理上也是非常合理的，如果我们不能将自己的注意力放在那些真正产出价值的事情上面，那么真正的价值就会与我们无缘。当我们没有充足的启动资源，没有成熟的人脉，没有家族的支持，那么我们唯一的资产就是自己的注意力，唯有长期地、大量地将自己的注意力灌注在那些与自己相关性强且价值高的事情上面，才有可能比初始条件较好的人更具效率优势：更容易在自己所从事的领域拔尖，更容易找到自己的竞争优势，更容易形成个人资源的护城河，从而在复利成长的路上迎来拐点。如果无法意识到这个道理，反其道而行之，那么就注定只能在低效能奋斗中求生存。

02
自我觉知，注意力管理的核心能力

我们的注意力：情绪主导 vs 理性主导

场景一

晚上吃完饭心满意足，于是躺在沙发上开始刷短视频，搞笑的、感动的、醍醐灌顶的、不知所云的，一个接一个从眼前划过，不知不觉中感到眼睛发酸，一阵困意袭来，越刷越没劲。算了，睡觉吧，看了眼时间，发现居然十一点了，开始刷的时候明明才八点多啊。时间可真是快，两三个小时不知道怎么搞的，这么快就打发了。

场景二

下午开会可真烦啊，明明这两个月市场情况不咋地，老板非要揪着我的业绩批斗，其他人也是半斤八两啊，凭什么就拿我开刀？心里烦闷地嘀咕着，脑子里又浮现出那帮人幸灾乐祸的表情，坐在工位上被郁闷笼罩着，各种琐碎闹心的细节涌上心头，越想越烦躁，真是想辞职算了。突然背后被人拍了一下，一转头原来是同事要下班了："我下班先走啦！"啊……下班了？我刚坐在这儿的时候才三点啊，这么快……

场景三

今天是恋爱纪念日，本来想去海边那个"种草"已久的餐厅，可男朋友真是"猪队友"，居然忘得干干净净，还去外地出差。本来美好的夜晚彻底泡了汤，抱着电话骂了一通还是觉得不解气，心里又浮现出他近期不称职的种种表现，更生气了，正想打电话再吵一通解气，一看表发现已经十点多了，带回家的工作还没完成。怎么时间过得这么快啊，心情简直到了崩溃的边缘。

相信很多人都有过类似的体验，当我们陷入一些强烈的情绪时，时间似乎被偷走了，感觉自己也没干什么事情，好几个小时不知不觉就消失殆尽了。但是相反的，在另外一些场景下，我们对时间的感知非常敏感，我们所做的事情与时间有一种极为紧密的联系，任务完成的瞬间，一种更加充沛的情绪得到了释放。

场景四

期末考试时，从拿到卷子的那一刻起，我们的注意力开始高度集中。在这个过程中每一分钟都非常饱满，时间会伴随着我们答题的进度向前推移，等到考试结束，我们会感到过了很充实的一个多小时。

场景五

我们跑步时，为了达到想要的配速，会根据时间调动自己的肌肉，有节奏地向前奔跑。这个过程中时间会非常明确地伴随着我们的行动，直到我们完成自己的目标距离。

场景六

我们给客户赶方案时，会在仅有的几个小时内分秒必争，尽一切可能完成任务。在任务完成的那一刻，会觉得前面的几个小时度过得十分充实。

前三个场景中的主人公没有理性的目的，一些外部环境的变化，给自身带来了内在情绪的变化。后三个场景中，主人公的目的非常明显，会通过调整自身的行为匹配自身的意志与外部环境。

前三个场景中的事情没有边界，它们像潮水一般涌入我们的注意力，如果我们没有明确的意识控制自己，就需要等到情绪彻底退潮才能让自己更好地进入下一个任务状态。后三个场景中的事情有明显的边界，这个边界体现在任务的品质标准、时间标准上，主人公需要调动所有的意志来满足标准，一旦标准完整达到，任务才算进入尾声。

前三个场景是情绪主导，情绪带来的快乐与悲伤，让我们的理性思考暂时停摆，让自己的注意力不自觉地进入一种弥散的情绪当中。后三个场景是理性主导，理性带来的主动意志非常明确地调动着我们的行为，让我们的行为进入一种秩序化的状态当中。

这两类场景是我们的日常生活中经常出现的。**我们每个人体内似乎都有两个小人儿，一个叫作情绪，愚蠢而强大；一个叫作理性，聪明却懦弱。**我们常常会发现，理性小人儿刚发表意见让我们干点儿正事，情绪小人儿就按捺不住寂寞，悄悄现身，神不知鬼不觉地与我们肆意纠缠，以至于我们将原本要干的事情忘得一干二净。

情绪是如何榨取我们的注意力的

笛卡尔曾说“我思故我在”，我们通过感知此刻的思考才确认自己当下的存在。因此，只要我们活着，精神世界就在不停运转。与此同时，我们的情绪也在我们的精神世界中不停流转，两者是高度混杂的。我们常常把两者的“混合物”称为自己的想法，所以我们很难觉察情绪波动给自己带来的巨大影响。

有时情绪扰动的源头来自外部。比如，本想安静看会儿书，却突然听到朋友在刷视频，好奇心使然跑去凑热闹，发现视频真的很有意思，就一起刷了起来。刷完视频再打开书，感觉文字变得索然无味。算了，明天再说，再刷会儿剧吧。

有时情绪扰动的源头来自大脑内部。比如，本想在家做会儿冥想，结果闭上眼睛时各种事情涌入脑海，有的是工作中的麻烦，有的是想要联系的朋友，有的又是昨天看的电影。虽然很想放空思想给大脑一个休息的空间，但是无论如何自控，注意力都像坐了极速飞车，在漫无边界的脑海里肆意狂飙。

我们那些理性的、抱有目的的注意力往往会被那些情绪化的、毫无目的的事情所稀释，直到稀薄到无法坚持原有的任务，我们的注意力资源也在这个过程中不断流失，无法发挥应有的价值。所以，面对内外环境对自身的影响，我们必须具备一种自我觉知的能力，如果不能对自身的理性思考与情绪予以觉知和分辨，就无法驾驭高品质的注意力资源，从而给自己带来诸多困扰：

（1）无法正确地做出决策

很多错误决策都源于我们的盲目自信、盲目自卑、情绪冲动、个人好恶，这些情绪化的影响让我们对自己理性上的需求与问题无法辨别，从而做出了未来回溯时认为并不明智的决策。日常生活是由细密的小决策和极少数的大决策组成的，如果我们的情绪觉知能力较差，无法对自己做出应有的调整，那么就会大大减小做出正确决策的概率，导致连环的错误决策，影响我们的生活和工作品质。

（2）无法对目标持之以恒

每天坚持健身一小时，一年下来身材和精神面貌都会有变化；每天坚持读一小时同一领域的书，一年下来对这个领域的了解相比其他业余选手会有质的区别；每天坚持练习一句日常英文，会让你在年末的国外旅行中出行、购物毫无障碍。即便一小时只占每天的1/24，但是能坚持下来的人也极少，因为想要放弃的情绪被唤起后，我们很难不束手就擒，连续放弃三五次之后就进入了彻底放弃阶段。面对目标想要持之以恒，就必须具备保持高品质注意力的能力，唯有高品质的注意力才能带来高品质的成果。如果我们的注意力常常被情绪所稀释，那么我们就无法实现独具优势的、有门槛的目标。

（3）无法正确地看待成败

现实生活中经历连续多次的失败后，很多人就会担忧下一次是不是依然会失败，同时给自己贴标签，认为自己是一个做事无法成功的失败者。但是跳出来看，脱离情绪的强行关联，大多数事情的成败就跟扔硬币一样，这次是正，下次可能是反，每次都是独立不相关的。由于连续好几次看到了不喜欢的那一面，我们就会受控于情绪带给自己的认知，觉得下次依然是失败的。其实这一刻的厄运和下一刻的好运本可以独立不相关，但是在情绪的延展当中，它们会变得无比相关。我们很容易被上一个阶段的自我所拖累，无形中成为惯性的傀儡，被困在一些自己不易体察的、固定的认知里，无法自拔。如果我们有自我觉知的能力，就会比较容易把自己的经历颗粒化，尽量减少负面经历和负面情绪对我们当下的影响。

（4）缺乏人格的灵活性

有些人在与自己同等水平的圈子里往往可以侃侃而谈，但是进入更高阶层的圈子就会变得自卑，无法做到与他人正常交往；有些人一有成就就被自己的成果发酵出自满的气息，在自己毫无觉知的情况下，得罪了不少曾经的老朋友。这些问题的出现源于我们无法察觉到自己因为外部与内部的某些变化而发生了哪些改变，从而不能以最适合的方式应对当下的环境。我们的日常社交伴随着无数的不确定性，如果想要在社交中得到认可与尊重，甚至达成某些目的，就要在这个过程当中具备相应的灵活性和弹性，随时扮演一个恰当的角色，同时做到进退有据、方圆有道。如果情绪始终在自己的思维与行动当中纠缠，我们就无法按照自己想要的状态打造社交关系。

明心见性，脱离情绪的操控

中国古人常说“人贵有自知之明”，《道德经》中也说“知人者智，自知者明”。这里的明并非是聪明。聪明人虽然很多，但未必都能透彻地了解自己，此谓聪而不明。而明是脱离了我对“我”的偏爱，是一种客观的感知。

这种明是一种自我观照的清明。就好像我们做任何一件事情的时候都对着镜子，能够很清晰地看到自己的变化。譬如，此时你因为一些事情非常暴躁，正想要破口大骂，结果眼前出现了一面镜子，你看到了自己狰狞的面目，自然开始收敛，因为此刻你的情绪得到了明确的觉知，从而很快消散了。

这种明清透可鉴。一个人此刻能为了电视里的难民同情落泪，下一刻也能对自己讨厌的人落井下石。当一个人评价自己的时候，会对自己的善良特质非常认可，但是对阴暗特质很可能模棱两可，或者认为那是一种不得已。日常生活中我们见到阴损的人、狭隘的人，恐怕很难客观地评价自己的阴损与狭隘，因为人都是爱自己的，倾向于对自己所有的想法和行为加上合理化的滤镜。但是也正因为这个合理化的过程歪曲了现实，让我们无法真正看清自己。这个过程就好像修东西，看清楚每个零件才好下手修理，让它变得更好。**我们看自己的时候如果可以不带任何好与坏的情绪，站在上帝视角，就能更清楚地看到自己是什么人，为什么得到了此刻的人生。**

自我觉知在于了解“我”的“觉”与“知”，我觉察到此刻的我是怎样的，同时我也知道，我为何如此。从而瞬间从盲目的“我想”“我要”“我必须”中跳脱，进入“我应当”。

这个过程脱离了情绪的操控，给我们带来了更加自由、更加理性的行为模式，让我们具备能力对当前所发生所有的事情做出稳定、自主的反应，回归真实的本心，理性地选择那些真正对我们有价值的东西。

唐龙朔元年，弘忍大师让弟子们各作一首关于修行体会的诗，借以观察他们对佛教义理的领悟程度。

大弟子神秀先拿出了自己的作品：

身是菩提树，心如明镜台。时时勤拂拭，莫使惹尘埃。

在一旁的慧能听后，觉得神秀对教义并非彻底领悟，于是借原诗另作一首：

菩提本无树，明镜亦非台。本来无一物，何处惹尘埃。

弘忍大师认为慧能明心见性，领悟佛理更为透彻，可以托付衣法，于是在深夜三更秘密授衣传法于慧能。

两者的差距在哪里呢？神秀将“我”的内心比为明镜台，认为它需要常常打扫才能保持明净。而慧能跳出了这个认知，认为并没有“我”的存在，真正的觉悟是无相无形的。

神秀所表达的是自省，我们常常要反思“我”的言行举止，看看有什么问题，然后去纠正它。而慧能所表达的是自觉，有觉性的“我”不受外物影响，只在无我中行事，既然无我，必然是事事通透洞明，又何处惹尘埃呢？

自省是静态的、主动的、阶段性的，更倾向于事后的反思与改造，但是无论如何，如果我们在过程中没有正确处理一些事情，自省只能帮助我们下一次做得好，而不能改变既成的事实。但是，自我觉知是动态的、流动的、时时的，它伴随着事情的发生与推进，力求在事情发生的过程当中让我们能够清醒地看待和及时控制。这种素质相比自省，对人的要求更高，当我们具备这样的素质，肯定会增大把事做成的概率。

提升自我觉知的经历

我曾经是一个自我觉知能力比较差的人，常常会涌现出各式各样的灵感在脑海里，总是忍不住想尝试，结果导致自己做事缺乏聚焦，同时由于各种新想法的干扰，做事情也缺乏恒久性。

为了解决这个问题，我尝试过阅读一些与自律相关的图书，但是收效甚微。直到我经历了一次巨大的人生挫折，那几乎是我人生最灰暗的一段时光。每天清晨，那种痛楚的感觉不唤自来，有时是对自己的否定，有时是对他人的失望，有时是对世界观的质疑。随着这个状态的持续蔓延，我的内心都快要窒息了，于是我决心不再怨天尤人，而是勇敢地与自己的情绪赤身相见。

后来的每一天，当那种痛楚的情绪如同潮水一样从心中汹涌而出的时候，我都静静地体会它的出现，我会对自己说：“我又开始感到痛苦了，这种痛苦源于何处呢？”主动把心念从对事物的怨怼转换为对情绪的分析，我会问自己：“你之所以痛苦，是因为对世界不了解所以失望了吗？是因为对人性的恶缺乏理解所以没有免疫力来抵抗吗？是因为总希望世界是完美的，应按照自己的世界观运转吗？”每天负面情绪都会出现，每次都是一个自我观视、自我分析的过程。为了让自己的分析更加彻底，我开始用文字进行记录，记录自己感受的来源，分析是什么样的认知与性格缺陷让痛苦可以乘虚而入，分析伤痛的原点在哪里，是什么触发了它。行为的转换让我的角色也发生了转换，我从痛苦的承受者转变为新问题的研究者。渐渐地，明显可以体会到的，就是身心变得更加轻盈了，负面情绪出现的频率越来越低了，而且每次的强度越来越浅。直到有一天，这种痛苦彻底消失了。

我意识到，因为这样的一次自我疗愈过程，我获得了一个巨大的礼物，那就是自我觉知能力有了明显的提升。我具备了更强的感知能力，更强的解释能力，当外部环境给予我压力和负面信息的时候，我是一个更有能力接招的人。

现在，每当新的想法与情绪出现的时候，我就像海面上的捕鱼人，能明显地看到鲨鱼的鱼鳍浮现在海面上。我知道它是来争夺我此时此刻的注意力的，我会立刻远离这种不稳定状况，继续保持注意力的专注。相比这种更高级别的自由，我意识到曾经被各种想法和情绪挟裹的我其实并不自由，常常为一些不知不觉侵入大脑的东西所控制。现在的我，在精神世界获得了更大的自由，不仅仅是我思故我在，而是我知我所在。

自我觉知三阶段：不知不觉，有知有觉，不知不觉

在没有进行自我觉知训练之前，我们是不知不觉的。比如，不知不觉买了好多之前并没有想买的东西，不知不觉在焦虑中沉浸了这么久，不知不觉在图书馆神游了一天，不知不觉花痴了一夜。这种状况下，外部环境对我们的影响是潜移默化的，我们就像没有打疫苗的小孩儿，奔跑在四处都是病毒的房间里，随时都可能有一种情绪病毒让我们中招。所以，当我们意识到自己不知不觉地被情绪因素影响太多的时候，就必须提升自己的自我觉知能力，进入到有知有觉的阶段。

有知有觉阶段就是随身带一面“镜子”。我们几乎每天都要照镜子，镜子是真实而诚实的，自然地展露我们的每一部分，让我们了解自己。但是不管我们是好是坏，它从不做评判，只是客观地给予我们观察和理解自己的机会。所以，在我们刚开始进行自我觉知训练的时候，最重要的就是“如实观照”。这对所有人来说都是很难的，我们从小会被自己的父母

要求，什么是好的，什么是对的，什么是没用的，什么是可耻的；进入社会会被影响，什么是成功的，什么是失败的，什么是微不足道的。无形之中，我们的内在被刻画了棱棱角角的标准，当我们真实的感受与这些棱棱角角彼此摩擦的时候，就会产生不适感。

如实观照最重要的就是放弃标准、放弃评判，接受真实。如果我们觉得化妆是美的，那么就会不接受镜子里素颜的自己，但素颜就是真实的自己，而化妆后的自己已经失去了某部分的真实。在如实观照的过程中，放弃标准的原因也在于此。譬如，你新结识了一个合作伙伴，但他是个清高傲慢的人，与你沟通的过程中有颇多的轻慢。你涌现出一个念头："不尊重我的人为什么要与他合作！"那么这时候自我观照就发挥作用了，也许你可以感到："哦……我开始生气了，气还不小呢。我为什么生这么大气呢？是不是因为我对自己不被尊重这件事情太在乎了？我为什么会受控于此呢？"整个连续的发问、分析、冷静之后，你会发现，哦，我已经不生气了，而且准备调整身段，引导他开始为项目付出了。这个过程中，如果没有觉知到"我"对面子的那份不合时宜的在乎，很可能就会生气闹掰，停止一项合作，但是一旦意识到了，就会很快化解情绪，调动正确的意志将事情快速推动起来。所以每一次的自我觉知都是磨"镜子"的过程，让它越磨越明亮，越磨越清晰。

随着有知有觉从量变到质变，我们会渐渐进入不知不觉的阶段。我们已经通过细腻的观察，体会到了自己的种种特点，知道自己的所思所为的源头在何处。就好像面对一片属于自己的心之海，看着自己内心的每种想法如海浪升起、落下，在自己的内心发出沙沙的声音。此时我们的内心是广阔的，不必总拿出那面镜子。因为我们全然接受了自己，无论年少还是衰老，漂亮还是平淡，它们都是我们当下的，不被我们挑剔与评判的存在。我们对自己的一切一视同仁，不再用各种标签和价值判断难为当下的自己，我们只是站在一个足够远又足够近的角度感知自己，知道如何理解自己、引导自己，全然接受自己的当下，全神贯注于自己的当下。

03
如何提升自我觉知能力

荣格[一]说："你的潜意识会指示你的人生，而你称其为命运，除非你能意识到你的潜意识。"这个"意识到你的潜意识"其实就是自我觉知，而通过自我觉知，我们能更好地做到注意力的管理。

创造环境，做自己的情绪品鉴师

对于美食品鉴师、品酒师而言，日常餐饮都会有一定的"清规戒律"，通过降低对味觉的过度刺激以保持自己对味觉的敏感度，这样才能在工作中对需要品鉴的产品做出敏锐、精

㊀ 卡尔·荣格（Carl Gustav Jung，1875—1961），瑞士心理学家。荣格人格分析心理学理论的奠基人。

确的感知。如果我们长期习惯重油重辣，那么对清淡美味的感知能力就会相应降低。

饮食男女，嘴巴总会有很馋的时候，我们的精神世界也会有“馋”的时候。它像一张“咀嚼”信息的嘴巴，如果长期接受非常激烈的刺激，反而不容易感知微小细腻的变化，一旦停止刺激或需要独处，我们就会觉得内在十分寡淡、空虚。

随着信息传递效率的提升，我们精神世界的满足阈值被持续拉高。在古代，文人连鸡毛蒜皮的事情都能上升到吟诗作赋的境界，再单调的音乐也能踏歌起舞。但是对于现代人而言，那些很多古人视为十分有趣的事情，早已显得枯燥乏味。现在，每天打开手机之后，海量的信息扑面而来，我们能够看到全世界最美的人，最有品质的生活方式，最精彩的人生样本，最心旷神怡的风光美景。这些信息充分刺激着我们的感官，让我们感受着世界的丰富多彩，然而一旦脱离这些刺激，看到自己简单庸常的生活，与明星相去甚远的外貌，以及心目中对某种人生的可望而不可及，就会不可避免地感到现实生活的乏味。这种空虚感会加强我们对感官刺激的诉求，于是没事儿就想刷刷手机。手机越来越像我们的一个器官，通过各式算法推送最容易令我们沉迷的信息，让我们的心智长时间地粘在这个“新器官”里。

儿时的我们往往觉得时光很漫长，是因为所有的一切都是新鲜的，花是新鲜的，草是新鲜的，四季交替是新鲜的。我们能够顺滑地不断融入新世界并且感到满足。但是成年后，我们面对的是习以为常的一切，这种迟钝让我们觉得时光变得飞快，同时更难以得到简单的快乐。

想要提升自我觉知，就要尝试着成为自己的情绪品鉴师，减少日常生活当中强烈的感官刺激，以保证我们对于情绪的"味觉"。譬如，尝试关注一些细微而动态变化的事物：蜷缩渐张的新叶，风中颤抖的野花，缠绕着路灯飞舞的雨雪，倚着山头渐沉的夕阳，傍晚时分的粼粼河水……当我们注视着这些缓慢的变化，能够很清晰地感受到自己情绪的起伏，看着它们出现，激起波澜与涟漪，随着它们消逝，内心又回归深沉、平静。唯有脱离了裹挟着我们的快节奏，才能找回自己曾经非常敏感的对于世界的感知。对这个世界的噪声我们需要一点"爱谁谁"的钝感力，但是对自己的内心，需要一种随时可观、随时可触、随时可知的敏感力。

探索性格，了解自己容易被什么所影响

人们常说性格决定命运。一方面是因为性格是很难改变的，如果自身没有非常强的觉知能力和不破不立的人生经历，那么一生当中性格的波动不会太大。另一方面，我们发展到一定程度会发现，自身性格中的优势兜住了自己的下

限，而劣势掣住了自己的上限，人生始终在性格的套子里来回挣扎。

个人的性格特质也会让情绪呈现不同的波动特点。善妒的人很容易受嫉妒引发的情绪影响，进而对他人的评价失去客观性，无形中恶化自己的人际关系；消极的人焦虑感很强，总受焦虑感的支配，放大对生活中风险的感知，无法让自己的生活平静；自负的人主观性很强，在合作中总是相信自己的想法，无法腾出足够的精力体会他人的观点和感受。性格中存有的缺陷会让我们更容易受到某种情绪的影响，从而让自己无法在一种高品质的注意力状态下生活和工作。

因此，只有了解自己的性格，知道哪些特质总是源源不断地涌出大脑影响自己，才能更加敏感地觉知自我。比如，有些人的性格比较消极，容易用消极的方式看待与评价别人，但是自己却认为自己的想法是非常客观的。要调整消极的心态，首先需要知道自己存在这样的性格特质，明白这种特质带来的度量世界的标准与外部世界的标准存在冲突。就像我们校对手表一样，只有知道正确的时间是什么，才能把手表的指针调整到正确的位置，否则这只手表就只能在错误的时间系统里持续运行，无论它的内部系统多么规律与精确，在系统之外，它的信息是失准的、无效的。

如何才能清晰地觉知自己的性格特质？

（1）梳理自己的人生决策轴

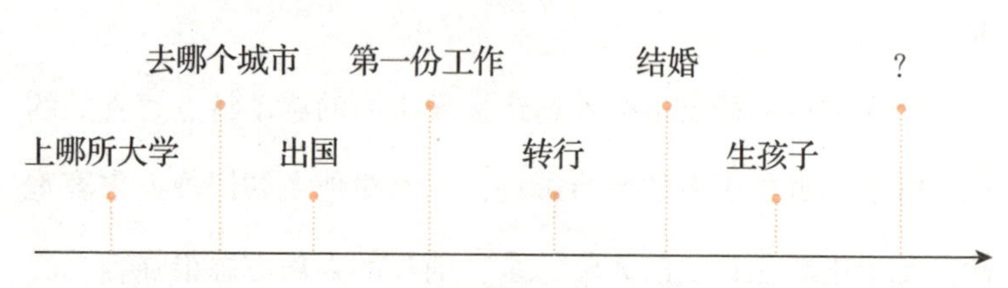

人生决策轴

你是否看到过这样的现象，一个人看起来非常自信，但是每次选择的伴侣都与自己的综合条件有着巨大的差距。那么有可能他并没有表面上那么自信，甚至可以说无法克服自卑，于是通过选择水平远低于自己的伴侣以获得控制感与安全感。一个人看起来对钱并不在乎，但是与他人合伙做生意却屡屡因为钱财解散。那么这种云淡风轻也可能是一种友好掩饰，分配钱的决策才能展示他对金钱的真正态度。

相对于表面上的状态，在关键时刻所做的抉择更能体现一个人的真实性格。我们不仅在判断别人时需要参考这个角度，判断自己时也需要参考这个角度。做决策时下意识的标准最为真实地反映了我们性格的优劣势与价值取向。著名管理大师彼得·德鲁克也曾通过分析自己的决策来进行自我判断，他将这种方式称为**回馈分析法**：

每当做出重要决定或采取重要行动时，都可以记录下自己对结果的预期。9～12个月后，再将结果与自己的预期比较。

我本人采用这种方法已有15~20年了，而每次使用都有意外的收获。比如，回馈分析法使我看到，我对专业技术人员，不管是工程师、会计师还是市场研究人员，都容易从直觉上去理解他们。这令我大感意外。它还使我看到，我其实与那些涉猎广泛的通才没有什么共鸣。

据说这种方法早在14世纪就被一位德国神学家发明了，大约150年后被法国神学家约翰·加尔文和西班牙神学家圣依纳爵采用。他们都把这种方法用于其信徒的修行，帮助信徒形成一种注重实际表现与结果的习惯。

我在30岁这年，对自己人生当中的所有选择做了一次复盘。从3岁时选择自己的幼儿园起，后来几乎每三年都面临一个人生选择。我发现自己的很多决策都是兴趣+冲动导向。犹记得高考那年，自习课上趴在桌子上发呆，突然看到同学在翻看一本杂志，其中有篇文章介绍了某所大学。文章的作者说这个大学在北京市朝阳区，晚上不查寝、课程自己选、下课没人管、学习压力小、业余生活好、小资氛围浓。我一想，很适合我这种不爱上课的学渣，就这个了！于是在同年的9月份，我来这所学校报到了。再想起这个决定的时候，我惊起一阵冷汗，我竟然因为一篇大学生的文章选择了上哪所大学，既没有做任何调研，也没有做任何分析，因为幼稚的情绪一瞬间决定了人生的重要走向。更可怕的是，这样的决策过程在我的人生中并非孤例，有些决策甚至给自己挖了幽深无底的深坑。这让我意识到兴趣 + 冲动导向给自己的人生造成了多大的灾难，于是后来当“我想”“我喜欢”“我相信”这些想法在内心浮现的时候，我都会自问：“为什么会突然想做这件事呢？你真的打算坚持下去吗？你真的靠谱地论证过吗？”我通过启动自我觉知规避兴趣 + 冲动导向带来的风险。因为当时的我已经明白，自己的注意力资源是有限的，不能在过多的选择与转变中将自己有限的资源击得七零八落。

通过分析人生决策的方式进行自我认知、自我管理、自我发展是极为有效的，如果能将其定为自我提升的常规工作之一，将会迎来非常明显的成长“加速度”。在看完此章之后，也许你可以尝试着回想过往自己做过哪些重要的决策。比如，在选择学校的时候是如何考虑的，后来你因为自己的选择受益了吗？在选择行业的时候是如何考虑的，后来这份选择给你带来想要的人生了吗？在选择伴侣的时候是如何考虑的，后来你选择的人真的与你创造出想要的生活了吗？在选择生育的时候是如何考虑的，孩子的出现让你对生命更满意了吗？是否坚持了一些不该坚持的，放弃了一些不该放弃的，这中间的缘由和出发点是什么？对哪些决定是非常满意的，对哪些决定是非常不满意的，你是在什么样的情景下以什么样的出发点做出的这些决策的？

当我们把自己的人生抽象成一个关于抉择的时间轴，就会发现原来十年竟然弹指一挥间，我们在里面看到的不仅仅是一个个选择，还有一个个迷茫、一个个彷徨、一个个冲动、一个个武断、一个个志得意满……我们看到的不仅仅是决策带来的后果，还有自身性格与价值观的充分映射。

(2) 从工作状态反推性格特质

我们对人对事的态度往往能够映射出自身的性格特质，同样的，别人对我们的态度，也能够反映出我们很难发现的一部分性格特质。

如果你经常被他人在背后中伤，那么是不是你的过度高调给予了别人太大的压力？如果很少有贵人提携你，那么是不是你低调内敛的行事方式遮掩了自己的闪光点？如果你总是喜欢与能力弱的人共事，那么是不是潜在的你自信心不够充分？如果你觉得目前的工作既没有意义也没有前途，但你依然不敢放弃，那么你是不是面对抉择的时候比较优柔寡断，缺乏勇气？

我们对外界的表达，深刻地携带者自身的性格烙印；外界对我们的反馈，亦是我们自我表达的结果。只有不断剖析自身在工作当中的细节和与细节相关的结果，我们才能从事情的"镜面"中看到一个真实的自己。假如通过剖析，意识到了哪些性格特质在持续地影响着自己，那么就可以更好地通过自我觉知合理地调动它们，扬长避短。

假设一个人处于比较自卑的状态，过往在面对上司提出挑战性工作的时候比较消极退缩，那么当他具备了自我觉知的意识之后，再次面对这样的机会，就会逐渐地减少自我否定与评判，而是更多地体会内心抗拒与消极意识升起的过程：“我感觉到自己不太敢接受这样的任务，为什么呢？因为我担心搞砸，我为什么担心搞砸呢？我很怕别人认为我不行，但别人的感觉真的对我的工作决策有价值吗？”当我们从情绪导致的自我抗拒进入对情绪的体察与分析时，就会更少地陷入性格唤起的情绪当中，而是着手理解自己，让自己进入一种更为客观的状态。随着这种训练的加深，总有一天，我们会不把“我”那么当回事儿，进入一种只有认知当下，没有情绪判断的状态。

（3）从社交状态反推性格特质

你是否思考过如下问题：他人愿意与我结交的原因是什么？我吸引来的朋友是我想要的吗？在互动的过程中，是我比较主动，还是对方比较主动？在所有的友谊当中，我与对方对这份关系的看重程度是相等的吗？我的朋友是否给我带来过帮助，还是我更多地在为朋友付出？我是否闹掰过朋友关系，这份关系缘起缘灭的原因是什么？

关于社交关系，我们有无数可以考察的细节，这些细节都能够充分体现我们在人群当中的特征。如果你吸引来的朋友在很多方面都是弱于你的，那么也许是你优秀的特质吸引了他们。但如果你没有与自己旗鼓相当的朋友，那么也许你在社交的过程中是比较吝惜付出的，因此唯有能力与你不对等的人才愿意接受这种吝啬的情感付出关系。如果你总是在社交关系当中主动、单方面地付出，却没有得到想要的回应，也许应当思考自身是否过于依恋社交关系，或对社交关系抱有过高的期待，这会让对方感到无形的压力。

当我们厘清自己在社交当中的性格特质之后，是可以通过自我觉知调整行为的——当那些我们熟悉的，并非满意的场景出现在面前时，可以清晰地感受到自己需要在这个场景当中做什么。譬如，有些人认为自己总是单方面热情地处理社交关系，那么在与他人相处的过程中，不妨感知自己在交流当中的情绪变化："我又开始热情了，也许我应该慢一些，协同对方的节奏。对方还在慢热的过程中，也许我应当给对方一些空间，让他适应对我的感觉。我可以适当问他一些以他为主的话题，等待他的表达，我收敛热情做一个安静的倾听者。"通过对自己情绪的分析，可以更好地调整自己情感付出的节奏。

除了以上三点，我们还可以借助朋友评价，专业的性格测评等更加精确地了解自己。我们对自身性格了解得越透彻，就越能体会自己在不同环境中为什么做出不同的举动，从而察觉举动的合理性，适当调整自己的行为。长此以往，就能持续提升我们的注意力管理能力，也能大幅优化我们自身的性格。

角度转换，尝试认知事物的 “上帝视角”

因为基因不同，我们的长相不尽相同，这是每个人都理解的道理，所以并不会强烈要求别人和自己长得一样，也不会认为与自己长相不同的人就是面目可憎。但是在看待三观、思维方式等精神世界的差异时，我们对别人与我们不同这件事情的兼容度就低多了，所以人与人之间很容易拉帮结派、互相敌对、互相派生鄙视链，甚至喜爱的偶像不同都能给彼此带来剧烈的冲突。原因在于每个人都有一个属于自己的世界观，通过选择和排斥对应的事物来维持自己世界观的平衡与完整。但是每个人的世界观的空间大小是不同的，**能兼容他人世界观的人与不能兼容他人世界观的人，本质上是两种人**。前者的世界观兼容了足够多的样本量，所以在对具体事务进行分析时，更具有客观性，所以我们常说姜还是老的辣。当然活得久未必一定就会拥有智慧，但是对于大多数人而言，经历的事情多了，脑中的样本量大了，看待问题才能不偏不倚、一针见血。

想要拥有更为客观的头脑，首先要让自己变得足够有弹性，足以兼容更多的不同的世界观。这点听起来似乎很难，但其实除了花时间增加生活阅历，也是可以通过训练改善的。相信很多人都看过《楚门的世界》，楚门的一生都被规划好了，观众在电视机前窥视他的人生，并从自己的角度出发予以评价，楚门始终活在观众的世界里。我们是自己人生的导演，自己人生的演员，自己作品当中的楚门。面对楚门的经历，我们可以尝试从多个角度进行思考和描述，角度越多元，越能帮助我们认知那个真实的楚门。多方描述的过程，也是一个兼容多个世界观的过程。

该如何开展这个描述过程呢？譬如，一个人描述自己到底是不是一个好爸爸：

我们公司的人都认为我是一个超级奶爸，很多人有了育儿方面的困惑都会来问我，我一般都能讲得头头是道，他们觉得我的建议帮助很大。不过我老婆觉得我不是一个好爸爸，因为下班之后的时间主要是她在陪孩子，而我基本上只有周末才带着孩子出去玩，平时回家时孩子都已经睡了。我儿子还是比较喜欢我的，之前我看到他写的作文说，他长大后想成为爸爸这样的人，因为他觉得爸爸是一个什么事情都懂，什么事情都能做好的英雄。不过在我的朋友里，有一位更让我钦佩的父亲，他把一儿一女都送进了斯坦福，真的太厉害了。他老说我在孩子学习上关心不够，导致孩子目前的成绩只是中等而已。

他的叙述并不是一个很单纯地认为自己好还是不好的过程。他分别引入了同事、妻子、孩子、朋友四个评价角度。

同事：知识丰富、可靠的育儿奶爸，大家眼里的育儿专家。

妻子：在孩子身上付出不足的“兼职”亲爹。

儿子：全能超人，自己的人生楷模。

朋友：不够上进的佛系父亲。

这种多角度的讲述似乎并没有描述出一个完美父亲的形象，而且多个角度之间甚至稍有冲突与矛盾。这也是我们每个人需要认识到的，**自认为了解自己并不代表真的了解自己，自己对自己的评价也不是真相的全部。我们需要尊重自己的复杂性，尊重自己的内在矛盾，尊重自己的优缺点并存，真正把自己当人看。只有不过度批判自己，亦不过度美化自己，才能在最客观的状态中觉知真实的自己，并且基于真实做出最有效的改善。**

如果我们生活中有一些钻牛角尖的时刻，不妨多找几位朋友聊聊，用多角度的方式描述自己，在这个过程中重新认识自己，而别人收到更丰富的信息时也能更加客观地给予我们反馈。我们会经历一个观点不断丰富、不断更新的过程，如同给画布填色一样，我们对自己的理解会越来越丰满。当这个过程“习惯成自然”之后，钻牛角尖的状态一定会有所改善，我们也会越来越不容易沉溺在自己单方面的情绪中。在下一次执念出现时，先让它在我们已经搭好的多角度框架中穿梭一遍，我们会突然发现，哦，其实自己本不必如此不放过自己。

归纳总结，建立属于自己的觉知模型

有句话叫作“从哪里跌倒，就从哪里爬起来”。以前觉得这近似废话，我不从跌倒的地方爬起来，还能从哪里爬起来？后来我从“坑里”爬出来几次后才明白这句话的精髓，“从哪里”之所以用两遍，是在强调，明白自己跌倒在“哪里”是最重要的事。

我们在学习当中常常会归纳知识点以及容易犯错的地方，因为这是帮助我们提升知识水平与考试成绩的好方法。那些常常犯错的地方由于“矫枉过正”被根治了，但是很少有人把这种方式用在做人做事上。如果我们将这种方式应用于自身行为的优化，会极大优化我们的自我觉知能力，长期坚持将会有巨大的作用。

曾经有听众问我，过于冲动、过度主观的人该如何改善自我觉知，我给了她三点建议：

（1）记录、分析惯性行为，开启觉知模式

当我们归纳、分析了自己屡次冲动的错误决策之后，就会非常明确这种性格特质带来的问题，那么在下一次类似情景发生的时候，我们就能很快意识到那种情绪的产生：“我又开始激动了，我似乎对当前的这件事情有点着急，上一次也是这样的状态。”我们的内在会进入情绪分析模式，让自己不要在当前这种似曾相识的场景中再度做出错误的决策与行为。由于我们已经很清晰地知道自己是过度主观的人，就会在这个情景中给自己的主观想法先打个折扣，让自己不要急于表达观点或实施行为。

（2）对冲主观性，启动多方论证

当我们的行为慢下来的时候，就有了足够的空间让自己的冲动情绪释放，同时查询资料，寻找周围更聪明、更专业的人做咨询与讨论。在这个过程中尽可能客观地描述问题，尽可能开放地收集观点，以帮助自己扩充对问题的认知角度与分析深度，尽可能对冲我们的性格特征可能导致的风险。

（3）多留余地，事缓则圆

假如我们收集了足够的信息，又不是十万火急，就不必马上推动，而应基于丰富的信息给自己的思维充沛的发酵时间。等冲动的情绪渐渐冷却，心中的想法逐渐笃定时，再做出更加负责任的决策。

比如，你觉得自己的公司已经非常厉害了，准备马上扩大三倍规模。如果你知道自己是一个主观性很强的人，那么第一点，安全锁，这个想法可能是非常激进、非常主观的；第二点，多方论证，对公司进行复盘，与公司内部的重要成员讨论，对新的想法进行正向论证和反向论证；第三点，事缓则圆，多考虑几天，多讨论几天，直到自己对事情有实质上的把握，以及万一失败自己也能兜得住，那么就可以考虑去做了。

自我觉知说到底是一种行为，就像心算、写作、唱歌、打篮球一样，虽然每个人的天赋不同，但是训练之后一定会在自己的天赋范围内得到相应的成果。我们随着健身频次和强度的加大，肌肉的力量与灵敏性都会得到大幅度的提升，在运动过程中的很多动作也会形成肌肉记忆。自我觉知也会进入这样的过程，随着练习频次的增加，我们会发现自己对自己的变化越来越敏感了，对自己内在的观察越来越细腻了，并且越来越乐于去体悟自己发生的变化。在这种状态下，我们能够更加积极有力地调动自己的注意力，让自己的注意力资源始终处在被管理、被加强的过程当中。经年累月，我们的觉知能力也会完整地经历不知不觉、有知有觉、不知不觉的阶段，最终实现“随心所欲不逾矩”。

05

第五章

用有效的标准衡量实践

01
什么是有效实践

上士闻道，勤而行之；中士闻道，若存若亡；下士闻道，大笑之。不笑不足以为道。

——老子

雄心勃勃的“潜在”创业者

某天晚上，朋友给我发微信：“你还记得翔子吗？他最近得了抑郁症。”

“嗯？前段时间他还跟我说他的创业新项目来着，没感觉得了抑郁症啊。”

“是啊，但是他最近好像状态很差，已经离职了。他老婆说他状态一直不太好，本职工作也一直不太适应，可能压力比较大吧。”

翔子是我的老同学，大学毕业后去了当地的国企，工作待遇不错，岗位在外人看来也稳稳当当，娶了一个门当户对的太太。按理来说，早就过上了平静、自足的生活。但是他似乎始终都没有把心思放在工作上，常常提起自己要逃离体制内，奋斗出一番事业。过去的七八年里，他几乎每年都要来北京一次，每次来都说要考察一下北京的商业，想找一个好机会做一下自己的创业项目，而且对自己考察的项目如数家珍，还会让我给他提提建议。但是每次他回去之后，很长时间都不会启动创业项目。经历漫长的沉默期后又会给我发一个新的资料，说之前的项目他考虑了一下，不靠谱，问我新的项目如何，是不是更值得做。这样的事情几乎每年都要重复一次，后来我实在忍不了了，就直接跟他说："你考察得够多了，找一个中意的项目先试试呗。"两年前的一个项目几乎要到了开干的边缘，他突然跟我说自己的人脉和管理能力还是不够，想先读个 MBA 铺垫下。结果还没等到 MBA 毕业，就听到了这个消息。

其实这些年，我见过很多与翔子类似的人，从想到干之间的信息传导特别长，花大量的时间想、大量的时间问、大量的时间看，可到了临门一脚，却突然停了下来。仿佛眼前的事情配不上自己的梦想，继而进入新的彷徨；又好似一个勤奋到自我感动的学生，以准备不足为名迟迟不肯迈进考场的大门，自然永远无法用成绩证明自己。长期的意志与行为的错位，会让他始终处在焦虑与不安当中。

迷茫中的“潜在”知名编剧

曾有一名叫倩语的听众给我发私信，谈到了她关于未来规划的困惑：

帑姐姐您好：

我是一名即将毕业的大学生，现在正处于人生最迷茫的十字路口，想听听您的建议。我的理想一直是当一名编剧，但是我上的却是师范大学，现在毕业了，父母希望我当一名老师。可我觉得当老师不足以发挥我的才华，我很喜欢看电影，更喜欢剖析里面人物的性格与关系，我希望有一天自己也能成为一个知名的编剧，写出厉害的作品。如果当老师，我就会离自己的梦想越来越远，但是现在当编剧，父母也不支持我。我现在该怎么办，是去当老师还是坚持梦想？我觉得很迷茫。

倩语

看到倩语的私信，我深深体会到即将踏入社会的大学生的焦虑与迷茫。但是当一名老师也未见得真的会断了她的编剧梦，当年明月曾经是一个普通的公务员，但是他通过在天涯上连载《明朝那些事儿》在文学领域获得了巨大的成功，甚至成为版税收入最高的作家之一。与创作相关的工作，全职做自然是极好的，不全职做也未必没有机会，关键看自己有多大的决心去尝试和探索。于是我问了她几个问题：

大学期间你是否发表过任何形式的文字作品？

你是否在自己的公众号、微博上发表过作品，粉丝量与点击量如何？

你是否曾尝试在小说网站上发表作品，以此来检验自己的内容驾驭能力？

平时你是否会专门读一些与编剧、写作相关的书籍，提升自己的写作能力？

你花时间参加过一些编剧相关的课程和训练吗，感觉怎么样？

面对这几个问题，倩语的答案都是否定的。她甚至没有尝试过任何的文字发表，就认定自己热爱编剧，希望自己成为一个知名的编剧。

对于任何人而言，有梦想都是好的，只不过当我们过于强调梦想的美好时，很容易湮没其中，误以为它也是现实的一部分。

只欠东风的“潜在”大佬

“小白啊，我们这个项目，万事俱备，只欠东风。这个东风啊，就是你了！国内的三十多个省，我都有渠道，这些人我都认识，我们这个产品一旦出来，他们就能帮助我们上架。”

餐厅里，一位前企业高管一直在劝我加入他的项目。

“我过去这些年职场也算顺利，现在有了第一桶金，感觉必须干点事情。我看人很挑剔的，一般人我肯定不会和他合作，和你认识这么久，我相信你的能力！”

“您现在还有别的联合创始人吗？”

“暂时还没有，但是这个事情不会很难，因为资源已经摆在那儿，不用白不用，分销商、零售商我都认识，网络渠道我有几百个网红的名单，只要把产品做出来就行，都能卖！”

“现在运营、设计、商务这些基本的配备有了吗？”

“还没有，我不擅长这些，所以我这儿等着你啊，万事俱备，只欠东风。等你来了，给咱们搭建起来！”

“我现在还有自己的事业啊，和你一起搞这个项目，我没办法专注的。”

“你现在的事业能上市吗？上市不了啊，我在金融行业摸爬滚打这么多年，等咱们这个项目做大了，最差也能卖给上市公司。”

这位高管在企业里打拼的这些年里，一直顺风顺水，不知什么原因发了一笔财之后迅速辞职了，一直四处寻觅人和项目，想要干点儿大事业。给我发过五六个项目，问我能否一起做。但是通常来说，一旦一个人只谈资源不谈落地，只谈愿景不谈回报，那么他很可能并不具备真正把事做成的自信。因而，资源很丰富，愿景很宏大的人，在机会面前往往是脆弱的，很容易落入机会主义的陷阱；在执行方面往往是懒惰的，因为他们把太多希望寄托于外部资源；在失败面前往往是无法抗逆的，一旦出现不利因素，就会最先喊放弃。

有效实践，构建成就的基石

杨绛曾经说过，现在的年轻人之所以焦虑，完全是“书读太少，而想得太多”。但我认为，不论是读书很多的人还是读书很少的人，都有智慧和不智慧之分。我曾见过一些读书很多的知乎知名博主，网上唇枪舌剑，优越感满满，但是现实生活中却过得一塌糊涂。也有一些读书并不多的人，勤勤恳恳做出一番事业，让自己的家人获得幸福。

在我们的文化里，是非常尊崇读书人的，所以晒晒自己读过什么书，似乎也成了优越感的一种来源。毫不讳言，读书必然有读书的好处，但是相比“想得太多，书读得太少”对我们生活造成的困扰，“书读得太多，实践得太少”才更为致命。双手是智慧的延伸，如果我们对人生的种种设想，并没有凭借我们的实践真正实现过，那么我们就没有发挥出它应有的价值。如果单靠读书就能治愈焦虑、迷茫与困窘，那这个社会上的读书人一定要比我们看到得多。**本质上，让我们充满焦虑的不是不知道，而是做不到。**

在这个资讯极度发达的时代，我们想知道的知识，几乎都可以通过免费的或者付费的网络渠道获取，但是如何走向一条自我成就的路，没有任何书能够给出具体的答案。那些真正拥有了理想生活的人，都是从做不到走向做得到的，这两者之间的路径是唯一的，那就是有效实践，他们做了真正对目标发挥作用的事。

并不是所有人都具备有效实践的意识和机会。我们用每日八个小时的劳动来获取薪资，但是并非人人都有机会从工作中获得足够的有效实践。下班之后听书、看书当然会对我们的思维形成非常有效的训练与提升，但是他人的思想永远无法替代我们行动带来的真正的经验。

古代的科举制可以让人们通过读书与考试为自己赢得官贵生活，因此人们信仰"万般皆下品，唯有读书高"。但是现代社会不同，人们更注重实证。作为一个企业家，你的企业创造了多大的营业额；作为一个作家，你的作品有哪些读者，多大规模，是否获得过知名的奖项；作为一个带货网红，你在同样的时间内是否能比其他人卖出更大的销售额。**当下，真正能够脱颖而出的人，往往都得益于成功的实践，而成功的实践是建立在不断的有效实践基础上的。**因此，我们在实践的过程中，必须以非常清晰的状态判定什么才是有效实践。我们在衡量有效实践时至少要考虑如下两个因素：

1. 实践成果可以被市场验证；
2. 验证结果可以帮助自己做好新一轮的实践。

这里的验证结果与好坏无关，只和有效性有关，但凡是有效的验证，皆能作为我们未来执行策略的参考。譬如：

如下哪些实践可以有效验证自己的商业眼光？

在朋友圈点评马云创业 无效

和朋友舌辨马斯克的商业理念 无效

买房买股，亲历盈亏 有效

投资创业项目，亲历盈亏 有效

做副业，亲历盈亏 有效

开公司，亲历盈亏 有效

如下哪些实践可以有效验证自己的文字水平？

朋友圈发书单、发心情、发唐诗宋词 无效

开公众号写文章，看看点击量、转载量、增粉量 有效

写一本书，看看销售量与销售周期 有效

去付费小说网站上发布小说，看看能否获得收入 有效

哪些实践可以有效验证自己的工作能力？

每天工作到晚上12点，累到胃出血 无效

每天吐槽其他同事的工作失误 无效

每个月的工作任务达成120% 有效

所负责地区/领域的营业额打破了公司的历史纪录 有效

验证一个人身材如何，自然是在他不用衣服修饰的时候；验证我们的实践是否有效，自然是把定价权交给目标市场。唯有赤裸裸的衡量，才是最真实的。

前文中的翔子始终怀揣着强烈的商业梦想，但是他在过去接近十年的时间里，几乎没有做出任何的有效实践。如果他曾做过一个成功的项目，也许就可以根据成功项目的模式复制成功经验，继续扩大规模；如果他曾做过一个失败的项目，也许就可以明白下一次如何改进，或者真正认清自己根本不适合创业。但是他始终徘徊在有效实践的门外，那么就必然与成功的实践渐行渐远。

而倩语想做一个知名的编剧，自然是年轻人的美好梦想，但是在文字这条路上，她必须尽早去实践。哪怕她的文字才能在校园内获得一小部分人的认可；哪怕她的公众号能够迎来一个小众群体的追随；哪怕她找到一家工作室，从编剧助理开始做起，尝试着学习如何构思一个巧妙的故事。但是她没有，她始终用自己有梦想来说明自己不平凡，却没有在平凡的人群中试图发出一点点光。

“高管大佬”具有过去职业生涯里的荣光，账户里的第一桶金和满天飞的资源。他想做大事，却根本没有想明白什么才是自己能驾驭的大事。在如何当一个高管这件事情上面，他似乎有很多的有效实践，但是在如何从零开始做一项事业上面，他不曾拥有任何的有效实践。真正把实力搬到创业这个竞技场上，他的行动力和应变能力恐怕不如一个没做过高管，但有过一些创业经历的人。就像围棋冠军未必能当得了网球冠军一样，他虽习惯了过去的屡战屡胜，但是在一个自己毫无经验的领域，另一个赛场的经验并不能保证他一定能获取成功。想要证明自己在这个领域的能力，必须要靠有效实践。

想做成一件事情，必须经历有效实践的过程，才有更大的概率创造成功的实践。向别人展示自己的想法并不是最难的事，最难的是用赤裸裸的实践成果一步步证明自己的想法。**我们只有把成败作为指标，才能逐渐摸索出做成一件事情的合理区间。就好像练习投篮，只有无数次成功和失败的尝试，才能提升投篮的精准度。所以，把自己从“知”的舒适区间抛入“行”的实践区间是十分必要的。**能否知而行之，是衡量一个人综合素质的重要条件。就如文章开头所说：“上士闻道，勤而行之。”真正能做事的人，面对自己想做的事情，不会在意别人的敷衍，更无所谓他人的嘲笑，而是在“闻道”之后勤勉地实践它，真正做到知行合一。而什么是知行合一呢？我们需借用王阳明的话道出真谛：

“知是行的主意，行是知的功夫；知是行之始，行是知之成……只说一个知，已自有行在；只说一个行，已自有知在。”

王阳明的话比老子的话表达得更为透彻。**所谓极致的知行合一，知就是行，行就是知，知与行一体两面，并无割裂。也就是说，如果我们可以做到实践就是意志的体现，意志就是实践的体现，那么我们的精神与行为之间就不再有分野，我们的行动就不再涣散，而是达到极致的精锐与高效。**

02

有效实践的作用与价值

曼巴精神不是去追求结果，而是在过程中你打算怎么做，它是一趟旅程和一套方法，更是一种人生哲学。

伟大球员跟优秀球员不一样，他们会自我检视、发现弱点，并改造成为长处。

我宁可现在丢脸也不要以后丢脸，遗憾自己一个冠军都没拿到。

——科比《曼巴精神》

如果你有一个价值 1 亿元的创意，但它却只停留在脑海中，那么它既不值钱也不属于你。事物价值几何不是我们自己说了算，而是必须以合理的呈现形态接受市场共识的考验。我们从步入社会开始，就必须承认社会是一个长周期的大考场，我们所有的行为都不可避免地要接受市场的检验。**唯有那些迎**

来成绩或“打脸”的有效行为，才能让我们更明确地意识到自身的潜质在哪里、问题在哪里、边界在哪里、改造方向在哪里，否则就是闭门造车，勤奋到自己都感动了，却发现市场并不需要。这也是为什么我们需要理解有效实践的必要性。

必要性 1：更深入准确地看待现实

第一次陷入热恋的女性与结婚 10 年有孩子的女性，对于婚姻的预期是完全不同的，这并非是智商和文化程度的区别，而是源于后者经历了前者不曾经受的现实挑战。**一个人一旦被现实捶打过，就会对世界的认知更加客观、现实。**这个道理体现在人生的方方面面，尽管没有人愿意接受现实的虐待，但不得不承认，现实对我们的种种反馈，才是这个世界为我们量身定做的教科书。

在我直播的时候，经常会有一些听众问，你这些想法怎么来的，是看了哪些书，能否把这些书推荐一下？

尴尬时刻！因为我确实不算是一个书虫，洋洋洒洒地列一个古圣先贤荟萃的书单，我还真做不到。我的绝大多数观点源于我在实践中的体验，即便有些源于书本，它们也一定与我的现实经历可以相互印证。我认为，**如果我们坚持一个观点，不应当是单纯地“我认为它正确、我希望它正确、我感觉它正确”，而是经过验证和批判之后，确立了这个观点在具体环境**

下的价值和适用性，它才更具备坚持的价值。

譬如，有些人觉得上班更好，有些人觉得创业更好；有些人觉得做职业女性才算是活出了自我，而有些人做全职太太不亦乐乎。这个世界上没有一模一样的人，每个人只能在适合自己的人生中找到属于自己的平衡。**很多观点是不能脱离具体的人和环境的，也许在一个更大的时空里，我们在地球上认为的至理名言，在另一个星球上却变为低阶笑话。**所以，即便人们看了一样的书，由于个体阅历的差异，也很可能得出深浅不同、方向不同的感悟，**在成长的路上，绝无可能“抄作业”。**

我在刚开始工作的时候管理很多零售商和分销商，了解他们的周转数字是我工作当中的必要任务，与领导在电梯间、办公室碰到，他们很容易冷不丁地考我一下。我刚开始老是记不住、答不出，而且我发自内心地觉得记这个东西很无聊。但是随着我对零售商和分销商业务的介入，为了提升自己的业绩，我要想大量的办法驱动他们的业绩，周转数字自然而然变成我每天考虑问题时必须考虑的因素。在进入了这种状态之后，我发现我的大脑进入了一种直觉状态，不用看当天的表单，光靠猜就知道他们当天的出货与零售数据，误差率可以保持在5%～10%。这种针对性的进化源于日复一日的实践，自然而然地让我对现实情况的感知和分析更加清晰。

读书对我们的改变是自上而下的，也就是说，我们通过读书改变了自己的谈吐、兴趣、思考方式、行为方式，这个过程是潜移默化的，更加缓慢。但实践出真知不同，它是一个自下而上总结经验的过程。我们碰过沸水，下次就不会再碰；我们拼尽全力也跑不过别人，就不会立志做跑步运动员；我们被别人背叛过，才会懂得忠诚对人的意义；我们不被别人尊重，才会更明白尊重他人的重要性。经验无论大小，每一份都是扎扎实实生长在肌肉里的，不是读书时一段道理、一个金句就能轻易了然的。**经验的发挥更像武侠片中高手练剑的过程，必须经历眼到心不到，心到手不到，心到手也到，心中有剑肆意驰骋的四个阶段。**穿越每一个阶段都务必辅以大量的练习，实现信息摄入—行动—成果—反思—再行动的有效循环，在这个过程当中培养经验、验证经验、复制经验，形成一个连续的、正向的、认知螺旋式上升的模式。我们唯有在由简至繁、由繁归简的过程中熟稔了术，看清了道，才能启动人剑合一的自我创造。

必要性2：圈定自己的人生诉求与能力范围

跟很多人聊天，他们都会说类似的话："我不知道我想要什么，但是我知道我不想要什么。"我把这种状态叫作"实践半坡"。也就是说，走在有效实践的路上，逐渐抛弃了一些不适合自己的东西，但是还没有因为有效实践找到属于自己的路径。

曾经与朋友聊天时，朋友突然说："咱们聊的话题真有意思，我真想录下来，肯定会火！"我当时不以为然，一方面我认为我说话比较尖锐，很难做到人见人爱，另一方面，当我用手机的前置镜头对着自己的时候，我看到的是一张不够美的面庞，从任何角度，我都没想到我录制的视频可以有几十万粉丝，并且因此萌生了写这本书的想法。后来在帮助一个合作伙伴拍摄视频时，怎么拍摄都不满意，数据也很差，于是我想根据自己的想法在自己的账号上试试。刚开始一个人也没有，后来有了一些很多年不联系我的老熟人关注我，这时我非常想要放弃。后来有一天看到一些贬低大龄女性的视频，我觉得里面的观点很消极，很让人生气。于是我决定分享一下自己对于 30 岁女性的态度，心想也许没有多少人会看到，结果一夜过去，第二天打开手机，竟然增长了 1 万的粉丝。这个数据的变动让我意识到一种可能，那就是我可以把我的很多想法搬到视频里。于是在之后的日子里，我每周都要创作几条视频，并且开始自学视频剪辑，有意识地研究歌单，不仅想要把内容持续做下去，而且希望做得更好。因为视频表达的内容有限，很多人提的问题也有共性，所以唤醒了我曾经想要出书的想法。根据这个想法，我开启了自己的创作之路。

这件事情一开始，我只是想试试怎么样能够在视频网站上获得有效流量，结果没想到促成了我持续的创作。在这个过程中，开发了我想要深耕内容制作领域的诉求，同时拓展了我在这个领域的能力范围。如果我当时只是想得过且过，必然不会探索出现在的小小成果，更不会写下这段话。

在生活中，我是一个喜欢鼓励别人的人，我始终相信每个人都有属于自己的使命，或大或小，实现就好。如果因为我对对方负责任的鼓励，而让他更早地发现了自己的使命，拓展了自己的边界，那么也相当于延展了我人生的宽度。

当然，并非所有的实践都一定能带来正向的成果，但是通过与外界发生联结，取得成果，会让我们更好地了解自己，了解外界。如果一个未经世事的少女想知道自己适合怎样的伴侣，看多少韩剧都是无济于事的。你务必自己跳下场子，亲自谈几次恋爱，才能知道自己在异性的眼中什么样，自己的真实预期是什么，自己能做的妥协是什么，继而构建一个对恋爱、对婚姻更加客观、理性的决策模型。可能进场的时候想找个绝世男神，离场的时候带走的是暖男哥哥，会失望吗？也许不，因为相比意淫他人故事当中的空中楼阁，这份当下的、真实的、有温度的熨帖才是踏实美好的。只有经历了与现实的交锋，我们才能及早明白自己能得到什么，以及想得到更好的，需要付出怎样的代价。现实社会是个大卖场，绝大多数人都预算有限，看得懂价签的人才能在预算范围内拥有最好的东西。

必要性3：认清短板，提早规避风险

很多教育专家对家长们都有一个忠告，那就是不要总夸奖自己的孩子聪明，否则当他以聪明作为自己的最重要的标签之后，就会越来越热衷于展示自己的聪明而拒绝那些可能会暴露他短板和失败的事，以至于在“聪明人”的虚荣中走向真正的平庸。

我们的人生并不是为了失败而存在的，但是失败一定会为了我们的人生而存在。因为走路会跌倒、考试会犯错、遇人会不淑、投资会亏损。总的来说，失败的面孔没有成功那么明艳照人，一想到它的丑陋，我们都想躲着走。但是铃声一响，我们就会发现，它正以老师的名义站在我们的世界里，每一次训诫都铿锵有力、血肉横飞，教会我们那些成功无法教会我们的事。

当然，也许有人会说，人生的奋斗在于发挥自己的长板，而不是弥补自己的短板。这句话有它的价值所在，但同时也有潜藏的风险。假如我们每个人都是一家自负盈亏的公司，那么长板则是公司的核心竞争力，而短板则是公司的重大风险。当我们还处在初步发展期的时候，当然是靠优势打天下，但是一旦我们的规模不断扩增，稳定性就变得至关重要。这个时候，我们个性当中短板有多短，风险就有多大。**所以如果能及早意**

识到自己的短板，就相当于给自己增加了一个风控部门，让自己在攀登到更高的阶段后，依然能够保持稳健。

在我们的文化里，“成王败寇”深入人心，这种文化特质也增加了所有人的犯错成本。我们会发现，“宁可无功但求无过”不仅是很多人的行为模式，也会体现在很多人对孩子的教育当中。虽然失败在大多数环境下本没有那么重要，但是人们很容易人为地放大它。就好像我们每个人都在一个大秀场里，每个人都担心自己露怯，嫌自己胳膊粗就穿长袖，嫌自己腿粗就穿长裙，宁可卖相平庸也不肯缺点外露。但是这个以真实实力为标准的秀场是残酷的，越是拼杀到后期，越像是身穿比基尼的大清算，**谁能更早意识到自己的短板，谁才能在后半场更好看。**

必要性4：更早明白成事的逻辑

陈康肃公善射，当世无双，公亦以此自矜。尝射于家圃，有卖油翁释担而立，睨之久而不去。见其发矢十中八九，但微颔之。

康肃问曰：“汝亦知射乎？吾射不亦精乎？”翁曰：“无他，但手熟尔。”康肃忿然曰：“尔安敢轻吾射！”翁曰：“以我酌油知之。”乃取一葫芦置于地，以钱覆其口，徐以杓酌油沥之，自钱孔入，而钱不湿。因曰：“我亦无他，惟手熟尔。”

康肃笑而遣之。

陈康肃公对自己的射箭水平颇为自信，但是卖油翁却不以为然，并非因为卖油翁也能射出高水平的箭，而是因为他身带绝活，知道什么才是成就绝活的逻辑。

想把事情做成做好，就需要遵循做成它的逻辑，这个逻辑并非赵括谈兵只是纸面推演，而是重复操作之后训练出的判断力，合理逻辑 + 各种细节的微妙组合构成了最终的成功。

对于爆款文章作者而言，只有发表过大量的文章之后，才会明白公众对于什么样的内容会产生共鸣并分享。

对于外科大夫而言，只有经历了大量的实操案例之后，才能够在面对疑难杂症时果断地精准处理。

对于专业投资者而言，只有经历过大量的亏损与盈利并且持续复盘，才会明白什么状况下应该做出什么样的投资决策。

前面的每一次失败并不是白经历的，每一次成功也不仅仅是成功。它们都是在给未来更大的成功“交学费”，学到了什么？成事的逻辑。

这几年和创业的朋友们聊，大家有个共同感受就是，创业越早越好，越早进入越早理解各种商业模式的逻辑。当然也有人说，看各种媒体报道和商业分析报告也能了解商业逻辑。其实这个逻辑的背后是一种手感和体感，就像你听了很多写作课，但是上手写东西，你会发现即便一样的天赋，那些常年以写作为职业的人一上来还是手感更好。更早创业，就会更早介入企业管理的方方面面，知道股权如何分配对企业做大更有好处，知道管理如何分权才能兼顾民主性与抗风险能力，知道如何给团队分钱才能最大限度激发团队的主观能动性，知道什么时候对外募资才能提升企业发展的节奏。这里面每一件事情都能找到书籍做参考，但是每一件事情都不能生搬硬套，灵活应用的部分一定是在不断的有效实践中领悟的，自身能力也是在不断穿越成败的过程中淬炼出来的。只有通过实践的历练，才能知道如何在变动的状态中实现目标。

必要性 5：获得生命的掌控感

我们站在现实的土地上，眺望对岸的欲望，如果中间没有一道桥梁，欲望就永远是欲望。

这也是为什么有人会说“Done is better than perfect”（完成比完美更好），相比想象中的完美幻象，完成某件事得到的是扎扎实实的体验。所以，欲望与现实之间唯一的桥梁，就是去做。

亚里士多德曾谈到富有智慧的劳动是如何改造我们的人生的：**“人类不是因为有手才使自己成为最有智慧的动物，而是因为人类是最具有智慧的动物才有手。”**亚里士多德在 2400 年前阐述的道理至今依然适用，用智慧指挥双手，双手是智慧的延伸。当人类不再使用双手时，久而久之就会对自己产生怀疑，对自己失去信心，因为我们与实践割裂开来，与智慧的本质割裂开来。**本质上，我们的自信是自我与外界之间的彼此信任，自信的内涵不仅仅是自我，而是他人与自我，世界与自我之间的互动，只有实践才能让这种互动成为可能。**

在离开企业自己创业之后，整整半年的时间里，我虽然没有了那种“雇主爸爸当家长做后盾”的安全感，但也体会到了“大雨中没有伞的孩子跑得快”。每天和自己深度相处，有了想法就去干，是非成败自己担，事情的结果是衡量实践的唯一标准，而优化实践水平是自我改造的唯一方向。在这种意志与行为高度统一的过程中，我由内而外地体会到了对自己的掌控感。就像一位舞者曾经对我说的：“长年的舞蹈练习，会让舞者熟悉自己的每一块肌肉，从而形成对于动作的超强控制力，为喜欢的舞蹈跳到酣畅淋漓的时候，就是在驾驭自己的灵魂。”我当时想，就是这种掌控感！这种掌控感替代了企业带给我的那部分安全感，成为在自己体内扎根的力量，让我用实践修正自己的灵魂，用实践治愈自己的灵魂，用实践指引自己的灵魂。

03
“实践的胜利”与“胜利的实践”

实践的胜利：成功是成功之母

我曾经在抖音上看到过一个互动量极高的视频。视频里一个小女孩儿俯在桌上哭得震天响，桌上是一张皱巴巴的试卷和一个残破不堪的书包，而画面的背景是她的家，可谓一穷二白，家徒四壁。我看了看视频底下的描述：“每次考第一，这次考了第二不干了，你说一个女娃，以后可咋办？”出于好奇，我点开这个视频账号，打开了其他的视频，发现这个女孩儿的家境十分窘迫，除了她，还有弟弟妹妹，以及一个热爱玩视频的母亲。其他的视频几乎无人问津，唯独这条泪水涟涟的视频，竟被推送上了热门。“小女孩儿上进心可真强啊。”我心说此话的同时点开了视频底下的留言：

“女孩子太要强不行的。”

“这样的女孩子以后可不好嫁。”

“现在就这样，以后会得抑郁症的。”

“女孩子太要强不会幸福。”

“你做妈妈的要多培养她做家务，培养她的柔。”

……

我一条条向下浏览，发现最主流的论调是“女孩子不可以要强”“要强不好嫁人”“太要强会得心理疾病”。这条视频让我看到了自己人生阅历的局限性，因为这些观点，竟然是我过去几十年从来没有考虑过的问题。

我小时候也有过因为成绩不好暴哭的场面，更妄提学霸们了，这并不是一种稀奇的行为。当一个孩子开始在内心设计目标与预期时，他就必然会尝到失落的滋味。对于一个习惯了做第一的人而言，考第二名就是输，无论别人觉得第二名是不是也值得羡慕。在奥运会的赛场上，每一位参赛者都可谓全世界最领先的运动员，但是也不乏得了银牌、铜牌落泪的人，他们的失落感不会比没进前三的人更弱，只会更强。正如人们都知道世界第一高峰是珠穆朗玛峰，却鲜有人知晓乔戈里峰是第二高峰。虽然第一与第二差距甚微，但在人们心目中获得了完全不同的认知度。

正如我在第一章中所讲的，人需要强烈的存在感来明确自身的意义，而赢就是其中一种实现方式。这位母亲与下面的留言者说得也有道理，但他们并不能真正体会这位女孩的痛楚所在，之所以无法体会，也许是因为他们从来都没有品尝过赢的滋味。对于那些家境优渥，送孩子上私校的父母，最担心的不是孩子太要强，而是孩子不要强。作为父母，在四五十岁的年龄能够给孩子带来丰裕的选择权，是因为他们相比自己的同龄人始终在赢，过五关斩六将成为企业老板、行业翘楚、企业高管、优质的投资者，所以才有资格拥有更多的资源，让下一代获得更好的教育。他们为孩子创造机会丰富的战场，让孩子寻找自己能赢的领域，谈起孩子对赢的渴望与热爱，脸上皆是欣赏，这个过程不分男女。

接受过应试教育的我们都明白，应试教育的赢家只能是极少数，因为衡量标准是非常单一的，那就是考试成绩，甚至单科成绩都不能代表什么，务必是综合成绩。长此以往，前十名由少数学生浮动性地轮流占据，中间段的孩子浑浑噩噩，最末尾的孩子自暴自弃。其实每个人都有自己的优势，但是在单一衡量标准下，只能是最适应这个标准的人胜出。在这个过程中，不仅形成了成绩地位的垄断，更重要的是形成了积极意志的马太效应。也就是说，越是靠前的人越喜爱赢，越能在正反馈当中强化自我的意识；越是靠后的人越是觉得无力，长此以往很容易自暴自弃，甚至会抹杀自己对其他方面的自信心，觉得自己事事不行。但是在精英私校，有着比普通公校更丰富的比赛种类，它更像社会，划分为不同的擅长领域，让孩子有了更多赢的机会。孩子对自己的评价体系不仅仅停留在成绩上，可能还有音乐、演讲、体育、艺术。就如同我们的社会一样，数学不好的人不耽误他做一个优秀的音乐家，英语不好的人不耽误他做一个优秀的企业家。当人们在机会充分流动的环境下，就能有更大的概率寻找到让自己赢的战场，去体验赢。当人们在胜利的实践中获得了尊严与意义的强烈感受，便会热爱胜利，相信自己在更多的战场上可以获得实践的胜利。

可惜的是，我们当中的大多数人从小没有机会挖掘自己的潜力，所以未曾赢过，始终在不适合自己的战场上挣扎，被动地尝试保全自己。对于孩子来说，其实不怕他想赢，心态的失衡只是特定年龄下自我调适经验缺乏所致，父母帮助他逐渐改善就好。怕的是他不知道什么是赢，怕的是他回避赢，怕的是他不敢争取赢。一个人不甘落后的欲望，本就是一种宝贵的资源，能够驱动他创造机会，干成他在目前资源与环境约束下力所不能及的事。视频中的小女孩家徒四壁，却聪明好强，如果她的情商能够得到父母的良好培养，自己的智力和欲望又能得以持续发挥，那么她的人生将有更多的选择。

如果一个孩子在儿时，通过自己的实践获得过胜利，他会铭记胜利的滋味，长大后依然会去寻求胜利的可能。如果我们在实践中获得过胜利，这种胜利会激励我们继续做下去，让一步步的微小胜利，构成巨大的胜利。**胜利带给人们的并非仅仅是外人眼中的虚名，它还能为一个人的精神世界开辟出一条更宽广的路径，给予他向前追逐更大目标的信心。**

胜利的实践：成年人的自信养成

我曾经有一位下属，能力很强，但很不自信。大多数时候“能力强”和“不自信”这两种特质并不兼容，但是在她身上始终固执地同时存在。她虽然有不错的智商，却无法在关键时刻发挥出来，一遇到重大的考验就掉链子，一遇到别人的否定就压力巨大，一旦需要展示自我，她反而格外退缩。她的职业生涯并不顺畅，因为在很多场合里，她总是无法松弛、有效地展示自己。

后来她成了我的下属。在与她一同工作的过程中我发现，她对自己的要求很高，工作输出能力也很强，教她什么也能马上学会，只要不必面对很多人的期待，她的工作成果可谓尽善尽美，而且在工作之余，她的表达能力也是不错的，甚至非常有逻辑。但是，反差极大的是，一旦把她放入与人交涉的环境，她的实际表现就会大打折扣，以至于让别人很自然地怀疑她的真实能力。

她这种状况可以选择看心理医生，也可以选择进行长时间的自我调适，但是这些只能让她的状态有所调整，并不能给予她巨大的突破。我觉得药效更好的是让她做一些可以获得巨大认可的事，也就是胜利的实践。我们性格本身存在的问题，他人的安慰、鼓励，看书等都不会起到足够颠覆性的作用，**能让我们的问题发生颠覆性改变的，唯有巨大的外力。正所谓不破不立，如果原有的空间束缚了自己的灵魂，那就必须破开它，给它构造新的环境。**我们经常会听说一些人经历了某些重大的变故之后"想开了"，之所以想开了，是因为原先那个狭小的空间被彻底摧毁了，**人都是会心随境转的。这个"境"就是一种更大的格局，更大的格局有很多种构建方式，但是破局一定是最有效的方式之一。**

年轻总是美好的，但也会因为年轻特有的脆弱而不得不承受痛苦。我体会过刚毕业不久时内心的那种压力与焦灼，所以我格外想在让她变好这件事情上面"多管闲事"。她原有的能力 90 分，但是心理素质 30 分，因此在她与合作伙伴谈判和展示的过程中，效果会大打折扣，可能只能达到 50 分。我不想让她只做一些很"后台"的事情，埋没自己的能力，我想让她走到"台前"，真正意识到"我可以"。

于是在后来的工作当中，只要涉及对外展示和谈判，我都会冒着失败的风险把机会交给她。但是在她做这项工作之前，我会逼她做出 300% 的准备，无论是撰写的方案还是对外的措辞，都让她尽量逼近我的水平。在与客户谈判的场合，我会做她的辅助，在她出纰漏的时候给她支撑，在获得成果之后，再帮助她对此次工作进行复盘。

在这个过程中，一次又一次的尝试迎来了一次又一次的胜利。我作为旁观者，能够很明显地感受到她变得更加从容。也许她在其他方面依然不够自信，但是面对工作中类似的挑战，那种恐惧感不再支配她，取而代之的是一种“我可以赢”的游刃有余。经历了几个月的训练之后，她不仅可以独当一面，自信地搞定大多数客户，而且可以带领一个小团队，用自己前进的步伐带动别人。

孩子的自信需要父母给予，一句“宝宝你真棒”也许包含着巨大的能量。但是对于成年人而言，性格与世界观已经形成，想要在这个社会上拥有披荆斩棘的自信与勇气，必然要靠一次次胜利的实践堆砌。儿时培养的自信是一个中空的架子，没有成就的填充，总有一天会在现实的冲击下倒塌。成年后搭建的自信也许更加内敛，但是随着胜利的实践越来越多，它会变得越来越扎实，体现出强大的抗逆性。

胜利的实践对于一个人而言格外重要，对于一个团队也是如此。增加团队凝聚力未必要费时费力做很多团建，团队的成员们一起打胜仗就是最好的团建。如果一个人赢过，他就想一直赢下去，如果一个团队赢过，他们会为了下一次的赢而团结一心、全力以赴。如果我们曾与其他人成功地做过一些事就会明白，共同创造的实践会为自己、为他人、为彼此之间的关系创造怎样的作用。也许吃吃喝喝的酒肉朋友迟早会散，但是能打胜仗的胜利之师，那种尊严感会在人们的精神世界中显得格外厚重。

如果一个孩子没有赢过，他永远不知道赢有多爽。如果内心没有这颗种子，他也许永远都会无心拼搏，误以为平庸是生活的真相。

如果一个成年人没有扎扎实实地干成过一件事，他永远不知道干成有多爽。如果内心没有这颗种子，他就会无心实干，在欲望与现实的落差中过完一生。

干，且干成，是成年人赢得自信的唯一方法。

06

第六章

用思维的模型优化实践

01

复利思维的实践

被“鸡汤化”的复利思维

前些年非常流行一个话题，那就是复利思维，人们常常搬出类似下面这样的等式：

$$1.01^{365}=37.78$$

$$1^{365}=1$$

$$0.99^{365}=0.26$$

试图通过几个等式告诉我们，每天坚持努力就会有不俗的成长。

用一堆数字谈个人成长，其实是令人茫然的。一个大活人，又不是理财产品，怎么就能复利成长了呢？努力的人很多，但是结果完全不同。我已经“搬砖”1078 天了，和第一天有什么不同吗？

数字计算带来的增量确实惊人，看起来非常励志，但坚持什么？如何坚持？坚持多久？数字中是没有答案的。如果我们并不能从这些信息当中提取出一种合理的行为策略，那么它们毫无意义，不过是一碗披着励志外衣的鸡汤罢了。

如果我们想要检验这个理论的有效性，就务必正本清源，先从根本上理解复利的概念以及这个概念适用于成长中的哪些场景。

复利是指一笔资金除本金产生利息外，在下一个计息周期内，以前各计息周期内产生的利息，也作为下一个周期的本金计算利息的计息方法。这是一个利息变本金、本金生利息的持续增长过程。在我国民间，这种计息方式也被叫作利滚利、驴打滚、息上息。

由于银行的定期储蓄都是使用单利计息法，所以大多数人对于复利能够带来怎样的财富价值并不是非常敏感。由于资产规模与理财渠道的有限性，极少有人在真正意义上感受过财富的复利增长。我们以年利率 10% 对比一下单利计息法和复利计息法，数字趋势的差距会让我们更明晰两者之间的区别：

年度（10%）	单利	复利
初始资金	100	100
第 1 年	110	110

（续）

年度（10%）	单利	复利
第2年	120	121
第3年	130	133
第4年	140	146
第5年	150	161
第6年	160	177
第7年	170	195
第8年	180	214
第9年	190	236
第10年	200	259
第11年	210	285
第12年	220	314
第13年	230	345
第14年	240	380
第15年	250	418
第16年	260	459
第17年	270	505
第18年	280	556
第19年	290	612
第20年	300	673
第21年	310	740
第22年	320	814
第23年	330	895
第24年	340	985
第25年	350	1083

（续）

年度（10%）	单利	复利
第 26 年	360	1192
第 27 年	370	1311
第 28 年	380	1442
第 29 年	390	1586
第 30 年	400	1745

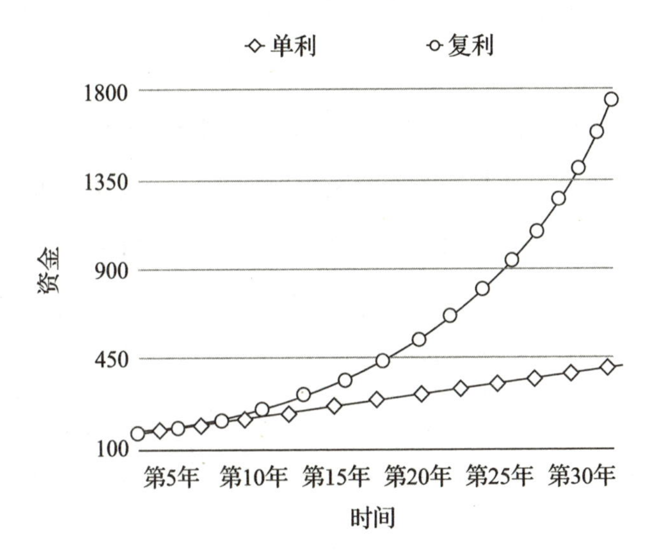

我们可以看到，在最开始的 10 年，两者差距并不大，但是到了 10 年后，差距越来越大。这种厚积薄发的巨大能量，恰恰就是复利的魅力所在。

诺贝尔基金会奖池规模的发展，向我们展现了复利在资产增长中所发挥的惊人作用。诺贝尔基金会成立于 1900 年，由诺贝尔捐献980万美元建立。基金会成立初期，章程中明确规定这笔资金只能投资在银行存款与公债上，不允许用于有风险的投资。但是随着每年奖金的发放与基金会运作的必要支出，历经50多年后，诺贝尔基金会的资产流失了近2/3。到了1953年，基金会的资产只剩下300多万美元。而且因为通货膨胀，300万美元只相当于1896年的30万美元，原定的奖金数额显得越来越可怜。眼看着将走向破产，诺贝尔基金会的理事们求助于麦肯锡，将仅有的300万美元银行存款转成资本，聘请专业人员投资股票和房地产。新的理财观一举扭转了诺贝尔基金会的命运，资产不但没有再减少过，而且到了2005年，总资产还增长到了5.41亿美元。从1901年至今的100多年里，诺贝尔奖发放的奖金总额早已远远超过了诺贝尔的遗产。

另一个例子来自股神巴菲特。40多年前，美国纽约市立大学有一对教授夫妻，他们得到了5万美元的稿费，这笔钱在当时算是一笔巨款，他们竟不知如何处置。有一天，教授夫妻向他们的朋友巴菲特提及此事，巴菲特就对他们说："这样吧，你们要是信得过我，就先投入我的公司，我来帮你们管着，好吗？"那时巴菲特已经小有名气，教授夫妻欣然答应。

教授夫妻将这笔钱投入巴菲特的公司后，很多年都没有过问。30年后，教授先生去世了，巴菲特来参加葬礼。巴菲特对教授太太说："你们放在我那儿的钱现在已经涨到6000多万美元了。"教授太太大吃一惊，后来她立下遗嘱，决定等她去世后将这笔钱全部捐给慈善机构。几年后，到她去世时这笔钱已经增值到1.2亿美元。

这两个例子都是在告诉我们，复利是如何为机构与个人投资者创造价值的。理解了复利的作用，我们就会明白，让自己的资产每年复利增值是多么重要。而除此之外，基于复利增值的概念，我们能否把它的底层逻辑梳理清楚，让它贯穿我们的人生？

复利人生的两大变量

如果一个企业相对竞争对手快速脱颖而出并且持续保持优势，往往都得益于它所具备的更优质的商业模式。这个模式更适应环境，同时能够做到资源利用效率的最大化。个人在市场上与企业是类似的——完成价值的交换并获取收益，如果想要拥有比他人更快的成长，那势必要像这些领先的企业一样，具备更优质的成长模式。

复利，作为一种在金融领域产生奇迹的逻辑，如果我们能将它成功套用到人生当中，我们的人生也会因此大为不同。

我们来看看，刚才那两条复利和单利的曲线是遵循什么样的原理得出的。

复利的计算公式：

$$F = P\ (1 + i)^n$$

单利的计算公式：

$$F = P \times (1 + i \times n)$$

其中，F = 终值，P = 本金，i = 利率，n = 持有期限。

也就是说，当我们的本金 P，以年化利率 i 进行复利增长，达到持有期限 n 之后，我们将会获得终值 F。数学公式看起来总是有些抽象，但是当我们尝试着把自己的成长量化，把与之相关的一些概念代入其中的时候，就会有另一番理解。

在我们的人生成长公式中，F 应当是我们在较长周期内的一个成长目标，也可以说是最终价值。在我们选定了一个长期聚焦的领域之后，在这条道路的起点上，我们已经具备的初始价值为 P。每个周期结束时，相对初始时新增个人价值为 P × i。i 是每个周期的成长率。剩下的就是坚持了，n 就是我们连续坚持的周期数。

所以，复利的人生成长公式如下：

$$最终价值 = 初始价值\ (1 + 成长率)^{连续坚持的周期数}$$

由此也可以推出单利的人生成长公式：

$$最终价值 = 初始价值\ (1 + 成长率 \times 连续坚持的周期数)$$

我们可以把遵循以上两种成长公式的人分别叫作复利人与单利人。

我们可以从这两个公式当中看出，在选定了长期聚焦领域的前提下，影响个人最终价值的有两大变量：成长率 i 和连续坚持的周期数 n。

此时我们再复习一下复利的定义。复利是指一笔资金除本金产生利息外，在下一个计息周期内，以前各计息周期内产生的利息，也作为下一个周期的本金计算利息的计息方法。人生的复利成长与这个规律也是相同的，翻译成大白话就是，我们在前一个周期创造的所有新增价值都将在下一周期继续为我创造价值，并且依照此规律持续下去。

这种模式有两个非常重要的特征，那就是创造的价值前后连续相关并且持续沉淀。

什么叫作价值连续相关呢？我们通过小张和小王的故事可能更容易理解。

小张与小王是大学同学，毕业后进入了同一家公司从事媒体营销工作。他们工作都很勤奋，能力和成果不分伯仲，面对未来他们都同样积极上进，在工作之余也都花了很多时间给自己充电。每天下班之后，小张基本上是打卡各种读书群，希望通过读书提升认知，充实自我，一年下来读了 50 本各类学科的书籍。小王还是聚焦在营销领域，不过他并不满足于工作当中的执行，而是想要独立实操。每天晚上他都会运营自己国内外各种媒体的账号，不仅让自己的媒体运营能力有了很大的提升，而且成了网上有名的新媒体领域博主。他经常发布一些与行业相关的经验、思考，渐渐地各种企业与公司都非常乐于与他接洽交友。4 年后小王被一家更大的公司挖走，担任全球新媒体总监。小王离职的时候，其他同事都很怅然，对小王说："小张也很努力，但是他没有你这么幸运！"小王笑了笑："我也很努力，只是我的努力成果恰好能反哺当前的事业。"

两个人都很努力，但是工作之余，小张的努力大部分都分配在另外一条轨道上，对于自己目前主要奋斗的领域只有很少的促进作用。而小王除了做好自己的本职工作，还在本职领域做了深化，他的每一次尝试以及努力所创造的价值都是连续相关的。

我们可以将两个人的实力以及在工作当中的连续相关性，以数字的形式来替代。假定两个人的初始价值均为 100，小张每月在专业领域的成长率为 5%，而小王为 10%。我们以这两个数据为模拟值，绘制出一张两个人连续 5 年（60 个月）的复利成长图。

我们可以看到，在前两年（24 个月），两者的差距还非常小，但是三年（36 个月）后，出现了非常明显的分叉，在第四年（48 个月）的时候，小王的价值迎来了非常明显的拐点，在第五年（60 个月）的时候，两个人在最终价值上可谓天壤之别。这些差距体现在工作当中，就是对行业的认知、对实操的体验、对方向的洞察、对战略的把握，以及在人脉池中他人对自己的认可等一切与行业相关的有效经验与有效资源。

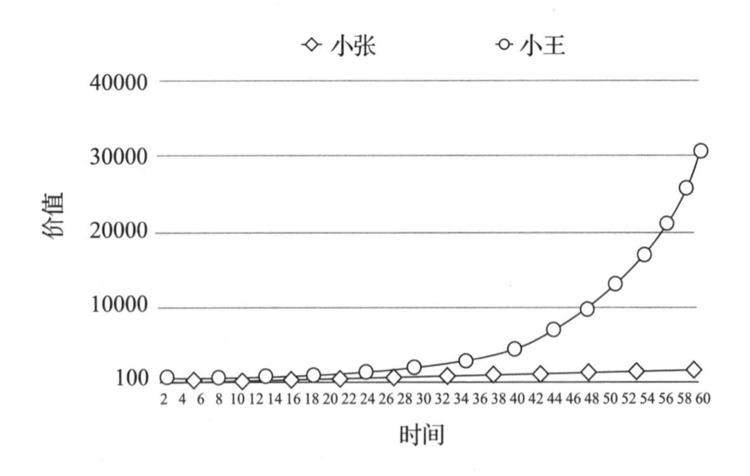

这张图很好地表达了“我们常常高估两年带来的变化，而低估五年带来的变化”。在我们努力了两年的时候，和同一起跑线的伙伴们差距往往并不大，如果这个时候因为种种原因中断这个努力的过程，是很可惜的，因为在第三年、第四年，差距才会显现。这句话在我上大学时只是当作一句很励志的鸡汤来领悟的，但是大学毕业多年后，目之所及，我看到了这句话的真相。有些人毕业于普通大学普通专业，但选择了对的领域与岗位，持续努力，5 年后的发展很多都是不错的；有些人毕业于重点大学，但是一路兜兜转转找不到自己的位置，5 年后在职场上的竞争力反而不如前者。虽然在刚毕业的时候，后者的选择范围与起步都要更大、更高，但是连续 5 年的经验积累，足以彻底对调两者的优势。因为在这个阶段，人们对于一个人的评价体系已经不是你毕业于哪里，而是你做成过什么了。

意识到时间的存在并且去量化它，让人类的文明前进了一大步。当我们意识到时间的流动对于自己的价值时，成就才能前进一大步。如何让我们创造的价值在时间的管道当中流动，是我们必须要考虑的问题。**当我们深耕一个领域时，不仅要注意当下创造了怎样的价值，也要注意当下的价值如何为下一个周期创造价值。**唯有这样，价值才有可能在时间的管道中持续被放大，最终形成自己与他人之间的差距。价值连续相关与时间是一对好朋友，只要有足够的耐心，就一定会等到拐点的出现，在突破了拐点之后，努力的成果就可以呈现井喷式上扬，实现质的飞跃。

那么如何更好地理解持续沉淀呢？我们可以通过木木和仔仔的创业故事来理清脉络。

木木和仔仔是广告公司的同事，两个人都是公司的骨干，心气儿都很高，干了 5 年之后两个人都觉得羽翼丰满，同时决定离开公司自己创业。木木决定坚持老本行，开一家自己的广告公司，而仔仔决定启动自己的时尚品牌。

由于过往工作经验和人脉资源的加持，木木第一年非常顺利，做到了500万元的营业额。而仔仔在从未接触的行业里忙活了一年，各种踩坑，还赔进去不少钱。木木看到灰头土脸的仔仔想拉他一把："你这样做太辛苦啦，要不来我的广告公司一起干，我们合伙一起做大。"仔仔婉拒了，觉得第一年虽然踩了不少坑，但也长了经验，想要再坚持坚持。第二年，仔仔的产品总算在圈子里得到了一些认可，小有成果。他决定加大投入，于是一年到头不仅没有剩下钱，还新增了贷款，直接进入了负资产阶段。而木木就不一样了，这一年营业额继续增长，达到了1000万元。一正一负之间，两人的悬殊和差距不言而喻。第三年的时候，木木的营业额依然增长强劲，做到了1500万元。但是这个时候，他感到自己的能量变得越来越有限了。公司一个项目接着一个项目，总是不得不新增人手，人手一增加，管理难度也成倍增加，要想做到前两年那样的增长效率，仿佛不太可能了。而这一年，仔仔的品牌迎来了2000万元的营业额。

木木看着红光满面的仔仔有点羡慕："你可真厉害啊，今年迎来了爆发式增长！"仔仔一笑："其实是咱俩发力的角度不一样，你做案子的能力很强，但是工作的核心价值都沉淀在了客户身上。而我只不过是三年来只做了一个案子，但这个案子的所有价值都沉淀在了我自己的企业身上。"木木听到这些，非常感慨。这些年，他不断地拿案子，出创意，没日没夜工作，虽然好几个刷屏式的营销让他欣慰不已，但是转化的销售额和自己没有一毛钱关系。虽说客户的品牌越做越好，自己也能跟着“喝汤”，但归根结底只不过是一个外包的市场部罢了，始终是在为他人作嫁衣。

就像故事中的木木一样，绝大多数的上班族创造的主要价值都沉淀在了甲方，也就是雇主的企业价值当中，这部分价值在未来所产生的新增价值也会继续沉淀在雇主的企业当中。作为雇员，我们每天的收益是按照当日的工作时间结算的，今天做够就有今天的工资，明天请假就不会有明天的工资。同样的逻辑，今天只要上班，什么也没干也会拿到今天的工资，明天上班干了很多有价值的事情，但是依然会拿到和今天一样的工资。上班族的收入是和自己已经售出的时间紧紧挂钩的。对于仔仔这类深耕一个领域的企业主而言，当他把企业推入正轨，即便不去公司，依然有加班加点的员工为他的事业创造价值，这些价值沉淀在企业里，在未来会继续为仔仔创造价值。如果有一天仔仔不想亲自经营自己的公司了，他可以传承给自己的下一代，或者将资产打包卖给其他需要此块业务的公司。但是对于企业中的上班族而言，最重要的资产就是自己的大脑和身体，如果这两者任何一项无法正常运转，都会导致其收益大幅下跌。无论过去为企业创造了多大的价值，这些价值都不会再为自己的未来创造价值。

作为雇员，身上难道就没有任何连续相关且持续沉淀的价值了吗？当然有，我们在工作当中学会的技能、思维，积累的人脉以及呈现出的忠诚价值，都会随着时间的推移表现出连续相关性的提升与沉淀，让我们随着工作经验的提升更高效率地解决更复杂的问题。如果能够对雇主体现出连续的忠诚度，那么相对年年跳槽的人，也会有更多被信赖和提拔的机会。这些也是复利成长的一种体现。

网红博主们的成长史就是复利成长的典型体现。他们拍摄的每一个视频，写出的每一篇文章，其内容价值都完整地沉淀在个人品牌的价值当中，无论他们在睡觉、在旅行、在约会还是在任何时候，这些沉淀价值会随着观众的涌入而自动产生新的价值。他们每展示一次自己的名字，都是一次知名度的积累；每得到一个粉丝，都是流量价值的沉淀，粉丝又会不断地带入新粉丝。在刚开始，一个博主的单日粉丝增长量可能是个位数，但随着粉丝帮他做二度传播，下一阶段单日增长量会逐渐变成十位数、百位数、千位数，甚至万位数。所以，很多博主都会经历一个漫长的初步探索期，但是当他们进入万人级别、十万人级别、百万人级别的时候，单日粉丝和流量的增长量都会跨入新的台阶，经济收益也会实现跨越式的增长。当他们达到千万粉丝的时候，个人的一举一动甚至可能撬动上亿的流量，动辄上热搜也就不足为奇了。

虽然大多数人不是企业家，不是网红，但是都经历过自己的复利成长。最典型的就是语言的学习。无论是学习母语还是一门新的外语，必然有一个磕磕巴巴的阶段；在磕磕巴巴的阶段之前，必然有一个简单短句的阶段；在简单短句的阶段之前，必然有一个词儿一个词儿往外蹦的阶段。这个过程中少一个阶段都很难直接进入下一个阶段。但是随着语感的娴熟和词汇量的上升，会在某个阶段能力爆发性地提升，那个节点，就是复利曲线的拐点。

所以，随意切换行业，不注重价值连续相关与持续沉淀的人，更像是单利人，单个周期也许成长显著，但是这部分成长无法为下一个周期持续创造价值。这样的人始终走在线性增长甚至波动性变化的路上，无法从真正意义上迎来自己的价值拐点。选择了复利成长的人也许会经历枯燥的阶段，但是一旦走到拐点，后面的每一步都会与过去的自己和竞争对手拉开巨大的差距。

我们还是以初始价值为 100 来绘制一张图。假定有三个人，第一个人为单利人 A，每年的成长率为 15%；第二个人为复利人 B，每年的成长率为 10%；第三个人为复利人 C，每年的成长率为 15%。三个人以各自的速率成长 30 年。B 与 A 相比虽然每年的成长率更低，但是他做到了连续相关且全部沉淀，因此在第 15 年的时候，相对 A 产生了质的飞跃。C 虽然每年仅仅比 B 多成长 5%，但是在第 15 年的时候已经与 B 有了很大的差距，在第 20 年的时候迎来了一个向上的拐点，彻底拉大了两者之间的差距。

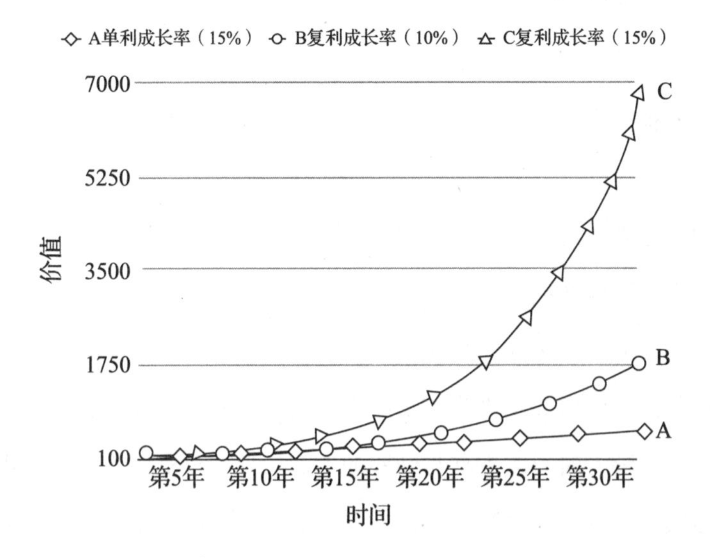

如果我们多观察生活会发现，其实这并不仅仅是一个数字曲线游戏，人们的不同行为落在时间的轨迹当中会逐渐应验这样的规律：

连续 10 年看不同领域的资料——杂家

连续 10 年挖掘同一领域的资料——专家

连续 10 年从事不同的运动——体育爱好者

连续 10 年只在一项运动中精进——专业运动员

连续 10 年在不同的领域腾挪资源——掮客

连续 10 年在同一个领域累计资源——企业家

……

巴菲特曾说："我不是天才，但是我在某些事情上很聪明，我就只关注这些事情。"

很多人都知道巴菲特是全世界排名靠前的富豪，但是很少有人知道他一生中 90% 以上的财富，都是在 50 岁之后获得的。也就是说，50 岁之前他依然在中产阶级阵营，50 之后才进入财富爆炸期。

巴菲特一生如一日地把所有精力聚焦在投资事业上，长期的坚持让他形成了极为密集的思维网络，判断框架更加完善和周密。随着时间的推移与经验的加深，他的投资决策能力与财富实现了同步的复利增长。关于投资的复利增长，他曾在 2006 年《致股东信》中，举了一个例子：

从 1900 年 1 月 1 日到 1999 年 12 月 31 日，道琼斯指数从 65.73 点涨到了 11497.12 点，足足增长了 176 倍，是不是非常可观？

那它的年复合增长率是多少？答案并不让人钦佩，仅仅只是 5.3%。

与其说巴菲特是投资界的赢家，不如说他是复利思维最好的应用者。他几乎把所有时间聚焦在自己的投资事业上，他对时间报以正确的坚持，时间也给予他丰厚的回馈。

所以，面对个人的财富需求，个人的成就需求，我们应当审视自己要选择哪一条路，在什么样的道路上，我们可以做到价值的连续相关与持续沉淀。当我们明确了一条属于自己的复利道路时，剩下的只需要交给时间，与时间一起迎来属于自己的增长拐点。

02

目标导向的实践

目标导向型思维的意义

小的时候，我特别喜欢玩迷宫游戏。玩久了觉得不过瘾，就开始自己制作迷宫，在家里画出各种各样的迷宫图，拿到学校让小伙伴儿们玩。玩儿的过程中大家都饶有兴致，但想要走到终点，却发现没有那么容易。每当看到他们抓耳挠腮地反复尝试，站在一旁的我常常很得意。因为我每次画迷宫都是从终点开始画，画好这条路之后，再画出各种复杂的混淆路线。小伙伴儿们自然不知道我的诡计，反复从出发点开始，所以每次抵达终点都显得特别艰难。

长大之后渐渐地发现，如果我们面对事物的时候能够做到以目标为导向，那么绝大多数的事情都会变得容易许多，而且这种思维能够让事物的执行过程变得资源集约，极具效率。

选择职业时，如果我们一开始就明确了自己的长期职业目标，由之反推这个目标需要的周期、平台和资源，奋斗的进程就会一步一个脚印。

设计产品时，如果一开始就明确自己的目标用户，针对他们的特性进行设计和测试，那么产品的最终销售也会更加有的放矢。

启动创业时，如果一开始就做了深入调研和思考，对行业发展的前景有一定的预见性，就能极大地帮助我们在大市场里找到一个合适的切入点。

彼得·德鲁克[㊀]曾说，管理是正确地做事，而领导是做正确的事。目标导向型思维就是一开始确立明确的目标以及分析实现它需要的路径，这样做的优势是显而易见的：

1. 明确的目标会让我们的资源与行动更聚焦

以学英语为例。如果我们的目标仅是学英语，那么我们可能很久才能学好它。但是如果我们的目标是一年内雅思考到7分，那么我们就会围绕这个分数做出更加具体的目标分解。在逐项击破的过程中，英语水平的提升过程会更加短平快。

㊀ 彼得·德鲁克（Peter F. Drucker），现代管理学之父，其关于现代管理学的相关理论在全世界范围内对企业家群体形成了广泛而深刻的影响。

2. 明确的目标会极大地降低我们的纠错成本

如果我们一开始对于目标并不明确，就很容易在错误的路径上浪费时间，从而不断地纠正和重复，造成人力、物力的大量浪费。只有当我们花费足够的精力确定了明确的目标时，才能让我们未来每一步的执行真正具备价值。

3. 明确的目标会让我们的执行手段更加灵活

相信很多人都听过“不管黑猫白猫，能捉住老鼠的就是好猫”，这句话是非常朴素的关于目标导向型思维的阐述。

抓住老鼠是目标，黑猫、白猫只是手段而已。当我们明确了目标，就会基于目标本身展开发散式的思考。如果 A 方案无法执行，就会寻求同类价值的 B 方案替代，如果 B 方案无法执行，还可以创造同类价值的 C 方案替代。不管环境如何变化，我们都围绕着核心目标展开，从而降低外部变化对结果的干扰，就有更大的概率实现既定目标。

所以，与其说目标导向是一种思维模式，我更愿意说它是一种行为模式。只有当这种行为模式渗透在我们日常行为的细节当中时，它才能体现出巨大的作用。

目标导向型思维的高下之分

我有位开公司的朋友叫科科，他曾跟我对比过自己的两任助理。

第一位助理叫丹丹。总体来说，丹丹是一位尽职尽责的好员工。每次交代的工作都能够按时按点完成；口风谨慎，跟老板在一起，也是安静沉稳，话不多说；公司内部的状况也相对了解，处理事情甚少有差错；公司来了客户需要接待，也基本筹备得有条不紊。科科对丹丹比较满意，由于是第一任助理，丹丹离职的时候他也是颇为不舍。

第二位助理叫露露。相比丹丹，露露倒是更外向一些，做事情个人色彩更浓重。做每一件事情，即便是类似的，也愿意尝试用新方法去精进，而不仅仅是浮于执行；愿意在细节上提出一些新的构想，甚至能够优化传统的做法；每次安排商务宴请，会花心思根据客人的情况选择餐厅，让客人觉得嘴到心也到；老板带她见过的合作伙伴，她都会记在名单上，每逢重大节庆日，都会很早请示老板是否要做客情关系。科科对露露的最大感受是，眼里有活，做事走心。后来露露的薪资也有了较大幅度的提升。

现在他的这两位助理发展得都不错。丹丹给一家更大的公司老板做助理，业余时间攻读 MBA。而露露两年前离职后开了自己的公司，虽然这几年创业并不容易，露露的公司却活了下来，一年利润 100 多万元。

我跟科科开玩笑："你眼光真是厉害啊，助理一个比一个厉害。”

科科笑着回我：“哈哈，就是眼光太厉害了，留不住人，培养两年全都另觅高枝儿了！”

“露露这样的人才也留不住啊，能力要溢出了，总需要找个更大的盘子接着啊。”

科科若有所思：“那倒是，露露这样的人有一个很多人都没有的优点，那就是不管老板分配给她的目标和任务是什么，她都会有一个属于自己的更高目标。可能你觉得七八十分就行，她不行，必须跟自己较劲儿，做到九十、一百才行。所以她做任何事情都会让你感到超出预期。”

“这种人才可遇而不可求啊，不过，很多人都觉得太有想法的员工留不住。”

“确实，大多人都喜欢遵循老方法做事，因为稳妥，但过于稳妥也会受到稳妥的制约。她还是胆子比较大的，会把每一次任务当作一次精进的机会，探索自己的极限。所以你经常会觉得执行同样一件事情，她每次的水平都在提升。”

“确实，能干的人都有属于自己的一套路数，让外人一看就觉得，这就该是她干的事儿！”

“哎，偶尔也会出幺蛾子！但是大多时候吧，还是要比丹丹强很多。丹丹用着趁手，但是你也不能给她过高的要求。露露呢，懂得站在老板的角度考虑事情，有些事情你还没想到呢，她就提前帮你安排到了，深得我心。不过，这也是我留不住她的原因呀！”

“露露更像是嫁接在你的体系里，但是呢，她又自成体系，自己的体系效率远高于她嫁接的这个体系。”

“你说得对，她始终有更高的目标，并且敢去实施，有这种天分，总能干成一摊子事儿。所以，露露在我这里是屈才了，哈哈。”

丹丹和露露其实都是目标导向型的员工，老板给出目标，她们完成目标，结果都是符合目标的，但是带给老板的感受却有很大的不同。两个人都是优秀的，丹丹的优秀是稳妥不留痕，但是缺乏属于自己的标签；露露的优秀是略有锋芒，更容易给他人留下印象，这种印象能让她在短时间内脱颖而出，也更容易圈得贵人缘。

那么，同样是尽职尽责地完成同一个目标，是什么导致了结果的差距呢？

目标背后的目标

人们在面对目标的时候，理解的深度是有很大差距的。就以丹丹和露露做商务宴请来说，他们心中的目标，可能是完全不同的。

助理	确立目标	分析目标	实现目标
丹丹	订饭	无	完成订饭
露露	实现本次商务目的	1. 老板的诉求，他想要与客户达成怎样的合作与关系？ 2. 客户的特点，怎样接待更能投其所好？ 3. 本次创造好的连接过程，以便未来长期维系	1. 老板满意 2. 客户满意 3. 实现商务目的

丹丹的流程是：what—do（任务—执行）

露露的流程是：what—why—how—do（任务—为什么执行—如何执行—执行）

一个人长期沉湎于 what—do 是很难有成长的，如果从事一份工作只能得到一份糊口的薪水却毫无成长，那难免也太亏待生命了。我们应当基于自己所在的环境，从中学习一些让自己在未来可以长期受用的东西，尤其当我们跟在别人身后学习的时候，一定要增加 why—how 的流程，这是专属于自己的成长空间，也是让 do 完成得更惊艳的前提。露露每次都会比丹丹多出为什么执行和如何执行的思考空间，这不但会让她对任务的理解更加深刻到位，而且每一次执行类似的任务时，都为自己的能力创造了迭代与精进的空间。长期如此，她必然会比丹丹更懂得如何站在老板的角度考虑问题。对于露露而言，所谓执行目标，并不是简单地完成任务本身，而是解决任务背后的价值和利益诉求，只有把为什么要做这个任务，如何更好地完成这个任务理解到位了，才能把一个目标完成到极致。

我曾在第一章中引用过一句尼采的话："知道为什么而活的人，便能生存。"其实类似的道理放在执行目标当中也是合理的，那就是，知道为什么而做的人，才能做得好。

我们自己做事的时候需要注意这一点，我们带动他人做事的时候更需要注意这一点，当一个人理解了任务的价值，就更容易在做事的时候产生意义感，从而在一定程度上避免消极怠工。所以，我刚开始带团队的时候跟下属讲述工作，至少会满足三个要点：为什么要做，做这件事情有什么好处，不做这件事情有什么坏处。虽然流程有点啰唆，但是避免了新人盲目死板地执行任务。很多职场新人往往都会对目标的理解发生一定的偏差，认为任务就是目标，但这恰恰是一种本本主义的错误。真正的目标往往藏在任务的背后，是驱动这个任务产生的价值诉求。

就好像请人吃饭往往并不是为了吃饭，而是为了建设一个更好的关系或达成更深层的目的；召集大家开会并不是仅仅为了相互沟通，联络感情，而是要解决问题，达成共识；参加职业考试并不是为了一纸证书，而是为了凭此获得更好的就业和加薪机会。如果后者不需要前者来实现，那么前者也就不那么重要了。

当我们追随别人做事时，思考 why 意味着培养更高层面的思维方式，思考 how 意味着磨炼更好的执行手段。这两点的加持会让我们更容易找到执行任务的优化方案，从而展现出比他人更加优秀的成果；更容易找到执行任务的替代方案，从而在面对更复杂的环境时依然能够出色地完成任务；更容易地通过价值的传递与渗透，与他人形成共识，协同完成任务。

独立于外部标准的目标体系

我们常常会面对两种标准：外部标准和自我标准。在相对公平，充分竞争的市场环境下，其实没有真正意义上的标准，只有好和更好的区别，很好和极好的区别，但是只有好到令他人印象深刻，才能从平均化的机会当中脱颖而出，斩获更多的认可。

iPhone 的横空出世，培育出了一个大规模、无国界的粉丝群体——“果粉”。每当苹果发布新产品时，人们宁可连夜排队也要一睹新产品的风采。人们对于苹果产品并不仅仅是单纯的认可，更像加入了一种“苹果教”，这个教的信条依托于高品质的产品，照亮人们千篇一律的生活，那就是 Think Different[㊀]。这种思维方式深深地根植于乔布斯的大脑之中，

㊀ Think Different：意指以不同的角度去思索，用以表达不落窠臼的创新精神。中文常译为非同凡想、不同凡想等。

他回归苹果之后，对已经与微软有云泥之别的苹果实施了一系列的改革，扶大厦之将倾。

然而乔布斯并非只是单纯地用输和赢来看待事物，也并不会仅仅为了商业上的数字而调整自己对于高标准的度量。如果他只追逐数字，或许也能做一款卖得不错的电子产品，但他追求的是极致的标准，这让他得以实现极致的目标。

标准是相对的，也是绝对的。追逐相对标准的人得到了自我的满足，追逐绝对标准的人得到了市场的认可。史玉柱曾在《史玉柱自述：我的营销心得》里写道："人都是会高估自己的，你做一个事情也许自己觉得还可以，其实拿出去在别人眼里并不怎么样，但是如果你做到连自己都感动了，那么在别人眼里才可能是好的。"

所以无论是乔布斯这样的商业天才，还是善于脱颖而出的年轻人，他们都具有一种独立的为自己设定更高标准的能力，也许大环境只需要 60 分，小环境只需要 80 分，但是他们会把自己定位于 100 分。唯有在做事的过程中以更高的标准和目标要求自己，能力才可以持续被向上牵引，在日积月累中通过做事不断拔高自己。而且他们很早就明白，和别人一样好意味着没有机会，明显的脱颖而出才能为自己增加筹码，获得压倒性的胜利。孟子说："故天将降大任于斯人也，必先苦其心志，劳其筋骨，饿其体肤，空乏其身，行拂乱其所为，所以动心忍性，曾益其所不能。”孟子认为，一个人的成长是上天给了他“附加任务”，让他得以被更多地锤炼。但是实际上，成长迅猛的人未必真的生于忧患，甚至他们早已拥有外人看来优渥、舒适的生活，而他们的精神世界有极高的奋斗标准，也因此不断“自讨苦吃”。这才是“曾益其所不能”的真相。

藏在细节里的目标

《硬球》里描述了一段美国前总统林登·约翰逊在年轻时频繁洗澡、刷牙的场面：

> 1931 年美国大萧条期间，美国的各类政客经常会下榻道奇饭店。饭店的房间里没有浴室，只有一个公用的洗澡间，每到晚上，这个潮湿的地下空间就会人头攒动，散发生机。当时的约翰逊只是一个 22 岁的青年人，他刚成为得克萨斯州民主党众议员查德·克莱伯格的秘书，在这两周之前，他还是休斯敦一所中学的教书匠。然而，他并不是一个普通的教书匠，在道奇饭店度过第一夜，就开始了种种怪异的举动。那天晚上，他一共洗了四次澡，四次披着浴巾，沿着大厅走到公用浴室，四次打开水龙头，涂上肥皂。第二天凌晨，他又早早起床，跑去刷牙五次，每次间隔只有五分钟。

他这么做只有一个目的，饭店里还有 75 个和他一样的国会秘书，他要以最快的速度认识他们，认识得越多越好。

他这一招显然十分有效。在华盛顿还不过三个月，这位新来乍到的人就成了“小国会”的议长。那是一个由众议院全体秘书组成的团体，这对他未来的政治道路大有裨益。这招是约翰逊的杀手锏之一，虽然他在电视上并没有任何的吸引力，但是他却能成为美国总统。专家们称他的魅力并不在于一对多的电视演讲，而是在于点对点交流时的个人风采。这套社交技巧被称为“零售政治”。

就如同我们在制订年度目标时会将它分解为月度目标，再将月度目标细分为周目标、日目标一样。约翰逊有一个巨大的梦，但是他并没有因为这个梦的巨大而选择那些足以压垮自己的重磅目标，而是选择逐个击破那些容易上手的小目标，这些小目标日积跬步，为他持续铺路，直到让他走上总统宣誓的演讲台。没有人会想到那个高高在上的人曾经仅仅为了结识一些与自己地位不相上下的秘书而不断地假装洗澡、假装刷牙，赤身裸体四处流窜。但是从结果来看，正是因为他能在所有人都忽略的细节中依然坚定不移地实践自己的目标，所以才最终赢得了成为总统的机会。

很多人都认为目标是具象而明显的，但是唯有极度想要实现目标的人才明白，目标并不总像高山上的尖塔那么引人注目又难以攀爬，而是绵密如丝地隐藏在各种细节当中。一部分人看不到，一部分人不屑于做，还有一部分人做了却不能坚持，只剩下一小部分人对这些小目标逐个击破，集腋成裘，在无形之中掌控了大局。

有些人大方向上有目标，细节上很随意。还有一些人大方向上有目标，细节中也有目标，往往看似无心，实则有意：

同样是对他人表达关心，有些人只是客气中佯装关心，有些人却能让对方感到自然贴心、雪中送炭；

同样是对他人表达感谢，有些人只是简单道谢，有些人却能运筹帷幄，把它改造为建立关系的最佳契机；

同样是商务谈判，有些人以为侃侃而谈就能让对方高看一眼，有些人却在不露声色的倾听中看清了对方的底牌。

每个细节的背后都并非教养和习惯那么简单，在细节当中，我们能够看到一个人的经营之道。随意的行为只会让很多事情有始无终，在细节中包含目标，才能让我们的个人价值聚沙成塔。

人们在十五六岁的时候能力并无显著差距，但是随着年龄的增长，差距会愈加明显。在大事上，能力强的人和能力弱的人似乎高下立现，但是如果你有耐心剥丝抽茧就会发现，高下立现也必然体现于细节中。并不是因为能力弱的人做不好事，而是因为能力弱的人在做事时缺乏目标感，无法以更高的标准要求自己，长此以往，没有一件拿得出手的成就。但是对于能力强的人而言，每个细节中都有小目标，每个小目标都是大目标的一部分，每个大目标都是自我成就的一部分。因此，他们不仅锤炼了能力，也塑造了价值。

罗马不是一天建成的，每个人在出生时都是同样脆弱的。唯有日复一日为了目标而持续精进细节，才把人们磨砺成了千差万别的成年人。

03
过程导向的实践

Serendipity[㊀]

我第一次创业的时候，完全是一时冲动，心血来潮。

工作经验少，财力、物力少，项目方向尴尬，可能导致失败的因素几乎全占了，但是做事的热情替代了理性的思考，我依然与合伙人干得如火如荼。为了宣传公司，我们开了一个微信公众号，想通过朋友圈传播的方式增加用户。当时我发现公众号排版很有意思，就把这部分工作承担了下来，这无形中也让我重拾了写作。在运营的过程当中，每天研究各种运营手段，也让我深刻地理解了公众号的运作模式。

㊀ Serendipity：机缘凑巧。由彼德·切尔瑟姆执导的电影《缘分天注定》，英文名亦为 Serendipity。

由于项目实在不靠谱，我们进行了几个月之后就解散了。我进入了继续工作还是继续创业的十字路口。由于我之前公众号运营得不错，名声在外，每周都会有朋友跟我咨询，企业如何用公众号进行推广。但是他们实践经验匮乏，我给他们讲了之后，他们还是无法把企业的公众号做得很好。我当时灵机一动，是不是可以跟他们谈谈合作？

于是我开始跟各个朋友的企业谈，依托公众号代运营的业务给他们做企业的整合传播。很快公司就有了现金流和新的员工，在很多线上营销的项目上还能够和一线的公关公司同台竞争。

这件事让我第一次理解，很多时候好机会的涌现并不是因为我们一开始功利地追逐运气，而是因为自身在努力的过程当中无形地拥有了获得好运的资格。

英语中有个单词叫作：Serendipity，与 luck 不同，中文中似乎没有一个贴切的词可以翻译它。它更强调意外而来的好运气。有人说 Serendipity 就是你在草堆里寻找一根针的时候，遇见了农夫的女儿。用中国的一句俗语来形容就是“有心栽花花不开，无心插柳柳成荫”。

很多人都认为意外好运是不受自己控制的，但是，我们也会看到，有些人一生好运连连，而有些人仿佛不那么受到幸运之神的眷顾。所以，好运和一个人自身的行为其实是有很大关联的，因此才有“攒人品”的说法出现。我们所有利他的行为都像一种对外部世界的风险投资，有些时候颗粒无收，有些时候却回报惊人。

关于如何拥有意外好运，加拿大学者洛里·麦凯·皮特（Lori McCay-Peet）[一]将这个过程分解为七个步骤：

第一，触发点；第二，延迟；第三，连接；第四，后续追踪；第五，有价值的结果；第六，在过程中发现意想不到的收获；第七，意识到这就是 Serendipity。

对照此流程，那些偶遇却修成正果的爱情和机缘巧合形成的合作关系，大都符合这七个步骤。拿后者举例。

第一，触发点。两个人在某个场合结识，自我介绍后彼此印象都不错，于是边添加微信边说以后有机会可以合作。

第二，延迟。回去之后如果没有紧急的合作，一般不会马上联系，但是这个人已经进入了某个领域的潜在合作者名单。

第三，连接。看到对方平时发一些行业观点和资讯，感觉与自己观念相投，有一类项目合作起来很合适，于是尝试联系对方。

第四，后续追踪。确认合作意向后，启动合作，并且在过程中彼此观察。

㊀ 洛里·麦凯·皮特（Lori McCay-Peet）：加拿大达尔豪斯大学跨学科博士，研究方向为社交媒体信息交互。

第五，有价值的结果。合作取得了双赢的成果。

第六，过程中发现意想不到的收获。经过合作，发现对方在合作者当中信誉和品质是最佳的，于是准备未来的此类项目都与对方合作。

第七，意识到这就是 Serendipity。通过合作一起赚了大钱，会想起当初首次见面，感叹：“原来这就是 Serendipity！”

这个过程中的第一步是 Serendipity 存在的前提条件，而过程中每一步的推动，都让 Serendipity 更多了一些。

梁宁曾经在博客里记录了她当年被雷军投资的过程。多年后她再反思自己当初的项目时，认为那是一次昏头决策的创业。但她也开始思考，那样鲁莽的创业项目，雷军本不必投资，他又为什么会做出这样的投资决策呢？随着多年的观察，她得到了属于她的答案，雷军是一个拥有很高个人愿景的人，他是一只大鸟，需要很多羽翼，所以才愿意和很多她这样的初级创业者落个交情。

她所说的羽翼就是 Serendipity。一个人想有盖世的成就，除了需要盖世的能耐，也需要盖世的 Serendipity，他与梁宁这样聪明的后辈结缘，就是为自己储蓄了很多个 Serendipity。真正大格局的人，会在前行的过程中不断给自己铺路。也许刚开始看不到这些路通向哪里，但是某一天，这些路会将他送到他人难以企及的位置。

中国有一些古语，类似于“但行好事，莫问前程”“但问耕耘，莫问收获”。这些话过于含蓄朴拙，以至于人们会将其透露出的规律轻易忽略。但是这些话之所以长久流传，是因为那些遵循此道的人真正从中受益，悟透了一个重要的道理：

如果你的过程对了，自然有属于你的好运。

目标导向型思维 VS 过程导向型思维

如果你专注于成果，你永远无法改变；如果你专注于改变，你会得到成果。

如果我们交友是为了让朋友回报，就很难培养出真正的友情；

如果我们养育孩子是为了让孩子报答，就很难营造出放松的亲子关系；

如果我们帮助他人是为了让他人报恩，就很可能从回报的不足当中收获怨恨。

生活当中并不是所有事情都报以目的就一定能有所收获，因为有很多事情的收获并不在终点，而是藏在向前发展的过程中。目标导向会让我们收获成果的过程短平快，但是有时过度的目标导向也会引发我们的短视行为，人们常常把这种特质叫作“功利”。在亲情、爱情和友情当中，大多数人都不太愿意见到对方身上浮现功利的特征。即便是一个特别功利的人，在自己的亲密关系中，也不希望对方对自己的出发点过于功利。某种程度上，人们在内心都会期待一种真挚长久的深情，否则青梅竹马，两小无猜，相濡以沫，除却巫山不是云，愿得一人心白首不分离这样的词句就不会在我们的生活中大范围传播和使用了。它们包含的是一种稳定性很强的动态过程，过程既是收获，也是美好的来源。**浓缩人漫长的一生，并非是一个个目的拼接而成的，而是由一段段过程组合而成。如果对过程没有敬畏感，人生不免会少很多悸动人心的风景。**

所以，生活中有很多重要的事物，恰恰需要我们弱化目的，强化过程。

事物的结构越复杂、越未知，就越难以明确的目标导向来解决，单靠目标导向型思维反而会导致我们的局部短视行为。比如，虽然一件事情很有价值，但是愿景很模糊，很多急于求成的人会选择放弃，也许会在几年后猛然发现，自己错失了一个重大机遇。比如有些人只围绕目的进行社交，觉得对自己有用的人就毕恭毕敬，觉得没用的人则置若罔闻，后来发现自己眼光不够，忽视了不该忽视的人，势利眼名声在外，也越来越难以获得扎实的社会关系。这些问题的出现都是因为人们在没有看到一个明确的有收益的目标时，会对过程忽视甚至敷衍。所以，目标导向型思维更适合目标明确、资源有限、过往有方法可遵循的事情，它是一种线性的战术型思维，能够帮我们高效、集约地解决问题。

过程导向型思维更适合战略层面的、方向有很大模糊性的、没有太多先例可循的事情。就像新生儿的父母，他们不可能在孩子一生下来就给他定未来的成功目标，只能在抚育的过程中观察、探索、反思、定向。过程导向型思维更像按照一个流程和框架，去摸索，去积累，无法确定一个具体的实现时间，也不能保证事情按照自己所设想的方式发展，只能随着正确的积累，逐渐浮现属于自己的成果。成果有时候不尽如人意，有时候却是令人欣喜的 Serendipity。

那么，什么样的场景下更适合过程导向型思维呢？

长期坚持有价值，短期衡量无标准时用过程导向型思维

过去的一年,你的情绪管理能力有所提升吗？

过去的一年，你对自己无用的欲望断舍离了吗？

过去的一年，你对事物的洞见变得更深刻了吗？

过去的一年，你在他人心中的印象变得更好了吗？

过去的一年，你的知识网络变得更加丰富了吗？

……

以上所有特质，对于我们个人的发展都非常重要，但是我

们却很难以一个固定的标准来制定目标，更重要的是，它们的正反馈来得很慢，很多收获的到来可能需要若干年的坚持。

因此，当一件事情长期有价值，但是短期效果难以衡量的时候，我们就需要以过程为导向。譬如，心智成长、思维成长、品格成长属于此类，家庭成员之间的关爱与经营属于此类，身体健康、皮肤管理属于此类，人际网络、个人口碑的搭建亦属于此类。很多事情长期看来都意义非凡的，但是短期的坚持发挥的影响确实很有限。正因为短期坚持看不到什么成果，才时常让人忽略，以至于发现差距难以弥合的时候，已经追悔莫及。

我们经常会听到一些四五十岁的人跟自己的子女说："我年轻的时候没有好好读书，吃了没读过书的亏，你可要好好读书啊。"但是他们的子女真的会好好读书吗？

其实这样的人在年轻的时候大多也知道读书是一件好事，但是他们从不曾多花一点钱，多买一点书，每天腾出一个小时读一读。他们过去不会，现在不会，以后也不会，因为读书相比看电视、搓麻将等娱乐而言，得到正反馈的速度太慢太慢了。得不到正反馈，就无法充分享受这个过程，不能享受这个过程，就无法坚持下去。对两个天资相同的人而言，一个人比另一个人多读一本书，并不会给两个人带来区别；多读十本书，顶多增加一丁点儿谈资；多读一百本书，会让两个人的谈吐有所不同；多读一千本书，会让一个人的思维模式进化得与曾经完全不同。一旦思维系统不同，就会让两个人做出不同的决策，进入不同的社交圈，走出完全不同的人生。

如果一个人没有真正意义上享受过读书的过程，那么他给子女传递的价值观就是肤浅而功利的："不读书就会吃亏，就会混不好。"子女刚开始也是惶恐的，尝试去读一读，但是抱着功利化的目的很难享受读书的过程，读了几本之后收获寥寥，于是把书束之高阁，还不如玩手机来得轻松快乐。

所以，如果当一件事情长期来看非常有价值，而短期又很难衡量成果的时候，我们就应当以过程为导向。在过程中提高完成它的质量，在过程中加快完成它的频次，在过程中缩短完成它的时长。

想要提升自己的心智，那就在做每一件事情的时候多预习、多反思，跟心智更强的人多学习。

想要运营好自己的家庭，那就学着在乎家人的感受，记住家人的生日与爱好，创造与家人快乐共处的机会。

想要经营好自己的身体，那就从少吃垃圾食品，少油少盐，经常运动做起。

想要经营好自己的人脉，那就重视自己的信誉，多为他人创造价值。

这些事情的过程都是非常细小而简单的，一天不做、一次不做对于我们来说毫无影响，但十年不做、二十年不做的负面结果就会难以挽回，严重影响我们的人生发展。**只有当我们真正专注于过程的时候，才能受益于过程。**

事情有明显探索价值，但没有成熟经验时用过程导向型思维

我儿时曾听说过一位十分特别的父亲。

这位父亲非常平凡，他是一位普通的下岗工人，事业上没有多大成就。但是，他坚信自己的儿子是个好苗子，与很多家长一味地按照自己的想法培养孩子不同，他想要给自己的孩子找一个更优秀的“富爸爸”。

他锁定了家族里混得最好也最有文化的一位亲戚。这位亲戚曾经是一位教师，因为才干出众后来成了学校里的校长，在整个家族里也算是个了不起的人物了。他认定这个人一定比自己更会教育孩子，于是带了很多礼物专程拜访。亲戚还以为他要求自己办事，不免心里有所防备，结果待他说出此行的缘由，亲戚心里竟十分感动。

这位父亲对亲戚说，自己一辈子没啥大本事，钱没挣到，也没当成领导，但是觉得儿子是个好苗子，想要好好培养培养他。他知道两人的儿子年龄接近，问亲戚能否让两个孩子经常一起玩，忙碌之余，希望亲戚能够抽空指点指点自己的儿子，

教教他如何读书，如何为人处事。

亲戚当教师这么多年，见过溺爱孩子的父亲、压迫孩子的父亲、冷淡孩子的父亲，第一次见到认为自己当不好父亲的父亲。那个年代教育资讯匮乏，没有多少父亲真的在内心认为自己尚不具备做一个好父亲的资格。他看着眼前这位望子成龙的父亲，一口答应下来。受人之托，忠人之事，他常常让儿子邀请这位父亲的孩子来家里玩，分享一些玩具、书籍等。在频繁的接触过程当中，确实给予了这个孩子很多他父亲力所不能及的教导。

后来这个孩子成功地考上了很好的大学，又取得了奖学金出国深造，成为这个平凡家庭的骄傲，也成为这个平凡小城的骄傲。人们常常请教这位父亲是怎么教育孩子的，这位父亲很坦诚："我一辈子没有干成什么事，证明我确实不懂怎么干成事，所以我觉得用自己的方法只会耽误儿子，我有个亲戚一直很有本事，儿子多跟着他学一定比跟着我学到得多。"

这是一位智慧的父亲，他虽然没有给儿子选择一个优质的目标，但是给儿子选择了一个优质的过程。他虽然并不知道儿子未来会发展成什么样，但是很明确地看到了什么才是有价值的。于是让儿子跟着优秀的人去学习和探索，最终获得了超越自己原生阶层的人生转机。

不仅人可以如此，公司亦可以如此。

越来越多的企业在启动全新的战略模块时，并不会把这个项目直接交予内部的具体部门以执行任务的形式来完成，而是会根据项目的特色在内部选定一个独立的新团队，或者以投资、合资的形式孵化一个更合适的团队，让其脱离大集团的镣铐，在自由的空间中充分发育。他们很明白面对新兴业务，管理层对于这件事情的长期发展也并没有充足的确定性和执行经验，而拍脑袋定的目标由于视角和经验的局限性，往往很难适应实际情况的变化。而给予团队在过程中探索的机会，让不同的团队在跌跌撞撞中试错、迭代，总结经验，在充满不确定性的道路中孕育新的机会，真正合理的愿景便会在这个过程当中逐渐拼接成型。如果在一开始就定一个非常死板的目标，用老经验管理新团队，那么整个团队的思维很可能被限制在框架里，受 KPI（关键业绩指标）所累，反而无法很好地完成探索与创新。

所以，当我们明确一件事情有探索价值，但是由于当下认知所限不能看清长期愿景的时候，就需要以过程为导向，摸着石头过河，在过程中体会和挖掘这件事情的价值与本质。等到走到合适的路口，有价值的目标自然会出现，那么过往跌跌撞撞的积累在此时就会爆发出巨大的能量，从而创造出超乎预期的成果。

处在低谷期， 能力与资源都较为匮乏时用过程导向型思维

人的一生总会有很多的波动性与不确定性，时而跌宕起伏，时而平淡无奇。我们有时会目标明确地向前冲，有时却会陷入阶段性的迷茫。清醒—迷茫—清醒—迷茫……就跟白天与黑夜的切换一样，是我们前进过程中的常态。史玉柱曾说，你在顺境时消耗的，是你逆境时的积累。就像我们起跳前要下蹲一样，暂时的停滞是一个蓄势的过程。也许目标会因为迷茫而变得模糊，但正因为如此，我们才更应当关注过程，此时此刻，过程的质量是我们唯一可以把握的东西。

晴姐和小诚曾经是我的职场前辈，她们都是非常称职的员工。晴姐在公司资历老、口碑好，也是大家心目中公认的未来优先提拔的人选，所以她一直对此抱有信心，很少与领导沟通业务，总觉得自己的成就老板看得见。后来终于有了一个升迁的机会，晴姐自信满满，觉得自己会顺势而上，没想到机会居然落到了另外一位同事的手里。晴姐等了三年，对于这样的结果太失落了，她的心气儿一下子泄到了底，陷入了空前的迷茫。她开始变得消极，既不想换工作，又抗拒和领导沟通，选择了消极工作、积极备孕。结果进入孕后期时，一位同事的离职创造了一个新的升职机会，如果没有怀孕，这个机会只能是

她的，然而她即将进入生产阶段，这个机会只好给了资历与她有差距的小诚。

小诚资历浅，但是很上进，对上次的升职也抱有很大期望，但是最终也没有争取到。不过与晴姐不同的是，小诚在失败之后加足了马力，明显工作做得更细了，成果也更好了，并且一改过去的内敛，经常带着成绩和领导沟通。因此这一次小诚的升职，让其他同事也觉得实至名归。生产回来后，晴姐灰心地回到岗位上，依然保持过往的消极状态。恰逢领导更换，新领导对她过往的绩效很不满意，于是将她调到了一个很边缘的岗位，升职的机会更渺茫了，就连跳槽的优势也大不如前。

有些时候人生就像水中行船，不知不觉就靠近了河流与瀑布的转折点，如果不为自己的命运逆流勇进，就只能被流水带入无底的深渊。

当我们刚进入职场的时候，由于面对的环境和技能都是全新的，在最开始的两年可能进步飞速，但是第三年、第四年所有的工作都会进入熟悉阶段，也就是我们常说的舒适区。在舒适区内，由于外界刺激的减少，进步速度会明显下降。如果在第四年得到了提拔，增加了一些未曾体验过的挑战，便又会迎来为期两年左右的飞速成长。所以，纵观一个人的职场生涯，大多时候并不是线性向上的，而是台阶式向上的。当我们处在平台期的时候，所有的思路、方法都会变得非常熟悉，资源、能力、视野也会停留在一个相对稳定的状态中，加之新事物的刺激匮乏，更容易让人增添很多莫须有的迷茫。相比高速成长期，平台期更像在“不得不熬”，旧有的事物令我们厌倦，熟悉的环境让我们怠惰，甚至做事都不在状态，仿佛还不如突飞猛进的阶段。

这种感觉令人沮丧，但其实这是非常正常的，也是阶段性成长后必然面对的一个环节。此时的我们不应当把眼光聚焦于“模糊”的远方，而应当把所有的精力放在“清晰”的当下。有些人在迷茫之余选择了消极应对，放弃了一些有价值的努力，以至于在环境好转、新的机会出现时不具备足够的筹码去争取。但有些人能够在机会萎缩的时候选择接受缓慢、接受平静，沉下来对过往的自己复盘、休整，韬光养晦，为新的机会做准备，而不是在焦虑中被错误的决定撞得头破血流，更不是被消极的心态拖得一蹶不振。

目标导向型思维更像打猎，我们需要不断地确定目标，在适合的时候射出手中的箭。过程导向型思维更像种田，我们知道会有收获，但是在等待收获之前，必须非常认真地面对犁地、播种、浇水、施肥等任何一个关乎孕育的环节，即便会有天灾人祸，也必须相信一分耕耘，一分收获。两种思维方式具有非常强烈的互相补足的作用。前者让我们在有限的资源中做到价值最大化，后者让我们专注于过程，受益于过程，在耐心中等待时间的馈赠。

04
灰度思维的实践

世界是靠理性运行的吗?

我曾造访过一家深藏在居民楼里的日料店。店里客人不多，老板也是边做菜边和食客们聊天。有一天晚上我加完班，到店里的时候已经接近 12 点，店里除了老板，只有我和一位朋友。刚开始只是随口请教他鳗鱼有多少种烤法，他饶有兴味地给我们介绍着，后来聊至兴起，他讲到了自己曾经在日本的学徒生活。

20 世纪 80 年代的福建燃起了一股出国热，他为了改善自己的贫困生活，决定去日本。到了日本后，他边学日语边在日料店打工，从学徒开始一路精进。后来他的厨艺被一个日本人赏识，聘请他做自己日料店的店长。这位日本老板业务繁忙，平时几乎不在店里，但他也会关心店里的经营情况，会不定期过来巡店。不过，这位老板有些特别，在每次巡店之前都会提前半个小时给他打电话，告知他自己会来巡店。久而久之，他觉得日本老板的这种行为很古怪，既然是巡店，肯定是为了找出店里的问题，但是又提前通知自己，等自己准备好了他再来，不就什么问题也发现不了了吗？可是每次都这样，似乎是刻意而为之的漏洞。

后来，与这位日本老板一起喝酒，他没忍住终于说出了自己的不解。日本老板笑了笑问他："你说人出门之前为什么总要照照镜子呢？"

他回答："给别人留一个好印象吧。"

"这个世界上，没有人是完美无瑕的，即便是长相丑陋的人也希望别人看到更体面的自己。我如果临时突击巡店，也许很快就能看到你和店里人的缺点，但是你们会因为自己不够好而感到懊恼。我不希望我的店长觉得自己在老板心中不够好。我很明白店的好坏在哪里，但我相信你更明白。也许你只是80分的店长，但是我给你半个小时，让你成为我心中的90分店长。"

老板言及此处，眼睛竟有些湿润，转身从仓储室里拿出了一大箱啤酒，从中开了一瓶给我们满上："这种信任啊，太不一样了，我到现在都记得。后来啊，我确实……干得挺好……干得很好……" 他咽下一大口啤酒，仿佛用力冲刷着曾经那些拼命的日子。

这个场景给我的印象很深，很多年来我都会从脑中提取出来，反复咀嚼。我不断在想，是什么在管理当中发挥了最大的作用。很长一段时间里我认为，管理管理，管的是“理”，于是我也用所谓的客观真理管理员工，用大道理压迫员工。可是后来我渐渐明白，**人类的世界没有什么比人更重要，如果一味地将理凌驾于人之上，是管不好人的**。这个世界之所以如此美好又如此混乱，就是因为人们并非因为理而存在，而是因为追求自我满足的情感而存在。所谓照顾面子、留面子，有些时候是一种迂腐的妥协，但是更多时候是充分地意识到了此情此景之下情在理之上，顾情才能更好地解决一切。

这位日本老板，在理和情之间，选择了半个小时的灰度。虽然搞突袭得到的结果非黑即白，一目了然，但是他并未选择如此，而是让自己的检查不仅仅局限于好坏的论证，更是一种信任的表达，让员工更想要在老板面前赢得尊重。有句话叫作“好孩子是夸出来的”，也许在我们的天性当中，更容易顺应外部的定义与暗示来打造自己的角色。这位老板的哲学亦是如此，给别人做好人的机会，他就更倾向做个好人；定义别人是坏人，那么坏就像玻璃上的裂痕，只会越来越深。

灰度：我们对世界的容错度

这些年灰度思维十分流行，但也有很多人认为灰度思维就是不分黑白，没有原则，其实这是对灰度思维的一种误读。如果我们做事不分黑白，那么难免触碰道德雷区；做事没有原则，就无法与他人以共同的标准协作。如果世界可以用非黑即白的二元标准定义和管理，那么世界就远比我们看到的简单。任何事物的发展都有循序渐进的过程，很多时候都是在正确与失误之间彷徨运行。因此，真正意义上的灰度思维是一种深刻洞察了现实动态性的思维策略，它给予了过程更大的探索空间，在风险可控的前提下，让我们面对人和事物时，具备合理的容错度。

个人对自己的态度，个人对他人的态度，集体对个人的态度都需要具备灰度思维，然而，真正能把灰度思维做到知行合一并不是一件容易的事。

我们大多数人在成年之前接受的应试教育，本质上是一种低容错的模式。因为每一次考试都有标准范围、标准方法、标准答案，在已经被告知正确路径的前提下，选择挑战或创新是高风险、低收益的。在考试中，并不会因为你对难题的解法更加高效、创新而给你高分，反而有可能因为这不是标准答案而扣掉全部分数。所以很多盛产学霸的学校里，错题本是很流行的一种工具，旨在让学生不断提醒自己是如何犯错的，以减少下一次犯错的概率。从考高分的角度来说，这是一个好手段；从看待错误的角度来说，它潜移默化中不断强化了我们对于犯错误的恐惧。

人是环境的产物。譬如，学生在学校里气质都是类似的，但是毕业后进了不同的单位，五年后再看就会大有不同，外企的有外企的气质与价值观，机关单位的有机关单位的气质与价值观，创业的有创业者的气质与价值观。我们会被自己所处的环境所训练，在环境的激励与压力下不断演化，演化到与环境相处舒适为止。所以，即便校园生活与社会生活的差距非常大，但是连续十几年应试思维对我们的改造也是不容小觑的。在连续十几年的世界观塑造期，我们不断被强化创新是具有风险的，犯错是损害成果的，努力是有回报的，问题是有标准答案的。这会让我们的精神与行为在多变的状态中缺乏安全感，因为我们已经习惯了看待答案标准化，看待成败极端化，看待错误厌恶化。

但是进入了社会，我们面临的是更加多元的环境。如果以上三点成为我们思维的烙印，我们将无法正常看待现实。当现实与心中的标准不符时，我们会痛苦地通过自己的主观思维扭曲现实，以适应自己的固有观念。比如，不符合我们个人喜好标准的人和事，我们倾向于否定；自己不能够成为同龄圈子中的佼佼者，就认为自己是失败的；在面临各种形式的选择时，充满压力，因为犯错在我们的心目当中代价太大了。

这都是我们对于自己和外部环境缺乏容错度的体现，如果这些问题不加以改进，我们便无法客观灵活地应对现实，从而也吃不到现实环境带给我们的人生红利。

“水至清则无鱼，人至察则无徒”“难得糊涂”都是关于灰度思维的典型描述。灰度思维强调的是人们对于多变的现实情况的适应性。我们不能用思维中固有的黑白作为所有问题的评价标准和解决方案，更应当看到 0 和 1 之间，有无穷尽的可能性，而每一个可能性，都是一个灰色的刻度，都适配一个紧贴现实的解决方案。从这个角度出发，我们能给自己的发展和改变以喘息的空间，也会在人与人之间、人与机构之间，构建更加健康的连接。

管理的灰度：把员工当人，而不是圣人

两年前我去一个朋友的公司，她的公司有 30 人，也算是一个规模不小的小型公司了。除了密集的员工办公区，她还有个宽敞漂亮的属于自己的办公室，办公、会客、健身，功能俱全。然而，我去找她的时候，发现她竟然在最密集的员工区办公。我调侃她：“我办公室要有你的办公室视野这么漂亮，每天绝对是躺在里面不亦乐乎啊。”她笑了笑说：“你以为我不

想啊，但是现在的90后不好管，都很散漫的，我坐在他们中间，比较有震慑感，他们乖一点，几乎没人敢在上班时间发微信、刷微博。”

“哈哈，你这么一说我可不敢给你打工，我上班还是会刷一下微博、微信的。”

“我也刷啊，我打工的时候每天也刷。”

“那你业绩还那么好！”

“结果好不就行啦！再说了，做销售的压力那么大，每天总得放松会儿。”

“哈哈，那你还把员工逼这么紧！偶尔开小差也是人之常情嘛。”

“这倒也是，可能是我太焦虑了……”

“如果老板跟佛似的坐我旁边，盯着我工作，我肯定全身不舒服，就跟考试的时候老师盯着做题似的，紧张啊。再说了，每天来上班，开心很重要，大家偶尔想开个玩笑、发个零食调剂下气氛，看见老板在那儿板着脸，也肯定憋回去了。”

“你这么一说好像有点道理。我本来想搬到这边，环境好一些，大家心态更好，但是自从我搬到他们中间，这个办公室啊，真的是低气压，而且我心情不好的时候，整个办公室气压更低，我的情绪也受影响。”

“对啊，你一个人待自己的办公室里也放松啊，当老板的不得专心致志想点儿大事嘛！”

“哈哈，有道理。”

后来这位朋友就把工位搬到了自己的办公室里，享受着CBD的绝美视角。过了一阵子她见我时分享了调整后的感受：“确实需要和员工分开坐，一方面给他们宽松的氛围，工作更开心，另一方面我也更松弛更少焦虑了。以前总是忍不住纠正他们的一些细节，现在眼不见心不烦，反而一个人的时候更容易深度思考一些问题。”

中国有句老话叫作“睁一只眼，闭一只眼”，却没有细说睁的一只眼用来做什么，闭的一只眼用来做什么。其实我们睁的一只眼就是用来看目标、看价值、看利益、看底线，闭的一只眼是给别人一些权利、一些信任、一些发挥的空间，同时能够关闭掉那些影响我们理性思考的负面因素。如果我们两只眼睛总是睁着，那么眼前就是价值因素小人儿和情绪因素小人儿在打架，使得价值因素无法正常发挥作用，情绪因素也让自己耗出内伤。

非黑即白的理性管理是非常必要的，但是能运用灰度思维做到感性管理，是一种更高阶的能力。黑与白之间的灰度，包含了很多管理者本人无法用理性评估和管理的因素，比如员工的幸福感、自由度、归属感、信任感，这些东西都不是理性的指标能够体现的。而判断一个公司的优劣之处，就需要看那些看不到的东西是如何被管理的。

方向的灰度：宁要模糊的正确，不要清晰的错误

任正非曾说："一个清晰方向，是在混沌中产生的，是从灰度中脱颖而出的，方向是随时间与空间而变的，它常常又会变得不清晰。并不是非白即黑，非此即彼。"

这个概念不仅适用于企业战略，也适用于人生战略。

Kevin 是我的一位朋友，他曾经在一家日薄西山的公司工作。这家公司曾经也是领域内的先行者，但随着市场的变化，不仅行业规模在缩小，公司也一年不如一年。同事们怨声载道，各自的薪资和奖金也因此少得可怜。此时 Kevin 做出了一个决定，跳槽去一家创业型互联网公司做运营。周围的同事都劝他说："咱们公司好歹是个大厂牌，你去那么小的公司，薪水又低，还不知道老板什么风格，未来风险太大了。"但是 Kevin 去意已决，降职降薪，入职了该公司初级运营的岗位。由于他勤勉努力，小公司制度约束小，Kevin 很快就成了这家公司的运营总监。不幸的是，后来这家公司因融资不利倒闭了，但幸运的是，他在公司倒闭之前跳入了一家更大的互联网公司。由于过往的优秀经历，他依然担任运营总监的岗位，薪水加倍，还分到了不少的期权。

“其实当时进入那家小公司，我也非常迷茫，毕竟放弃的东西很多。但是在原来那家公司，我知道我干下去的结果是什么，那不是我想要的。换行的时候也找了很多公司，都因为没有充足的行业经验被拒绝了。我非常想入行，那家小公司是我唯一的选择，所以薪资都不敢多要就入职了。现在想来，相比模糊的正确带来的不安全感，清晰的错误才是更可怕的。”

Kevin 相信趋势的力量，即便这种趋势当下没有以最完美的形态展现，但是只要它是对的，自己就能从与它相伴的过程中得到什么。在老厂牌，行业的颓势不是他个人可以力挽狂澜的。既然这样，不如破釜沉舟，选择一家新领域的小公司。虽然这家小公司规模有限，朝不保夕，但是他因为这个以退为进的决策而进入了全新的轨道，改变了自己的职业发展路径。

所以，在正确的路上犯错误，远好于在错误的路上求正确。前者做错了收获的是经验，做对了迎来的是跨越；后者做得越对越是桎梏，让我们在越走越错的沉没成本当中再难跳脱。战略层面的路线探索，务必要接受一定的灰度，这份灰度是我们在探索正确路线过程中的纠错空间。在不断纠错的过程当中，我们的靶向范围会不断缩小，从大圈一步步变成小圈，再从小圈一步步变成极为聚焦的点，从而最终收获足够精确的路线。

关注圈的灰度：不要在无谓的对错中消耗生命

记得小时候与朋友们看《还珠格格》，当时的我认为小燕子是里面最漂亮的，然而我的朋友认为紫薇是最漂亮的。于是我们搬出各种理由，力证自己的观点是正确的。结果此时跑来一个男生说："你们知道吗，我们男生觉得金锁最漂亮！"

"啊！你们真是好没品位啊！竟然觉得丫鬟漂亮！"

就这样，几个人开始了新一轮的争论，争论了一天到底哪个角色更漂亮。结果是，谁都坚持己见，谁也没说服谁。

长大之后再想起这件事，除了觉得有趣之外，还会联想到一句电影台词："小孩子才分对错，成年人只看利弊。"这句话武断得很，不过事实上，随着人渐渐长大，确实不再会像小时候那样，在无谓的对错中消耗生命。因为谁都明白，坚持和放弃任何一个观点都不会影响当下的人生。成年人已经在心智当中开始区分，什么是影响人生的事，什么是不会影响人生的事。

关于如何区分两者，《高效能人士的七个习惯》里曾经列出了关注圈和影响圈的概念。我们能够通过个人行为改善的，是影响圈，比如家庭关系、工作成果、健康管理、人脉资源、个人理财等。这部分只要我们努力，都会有一定程度上的改变，它们也会影响我们的人生。关注圈的事物则是我们无法通过个人行为改善的，比如，陌生人的家庭矛盾，明星之间的恩怨情仇，某某公司的政治八卦，等等。关注圈的事物常常是我们的谈资，但几乎不为我们的生活创造任何具体的价值。

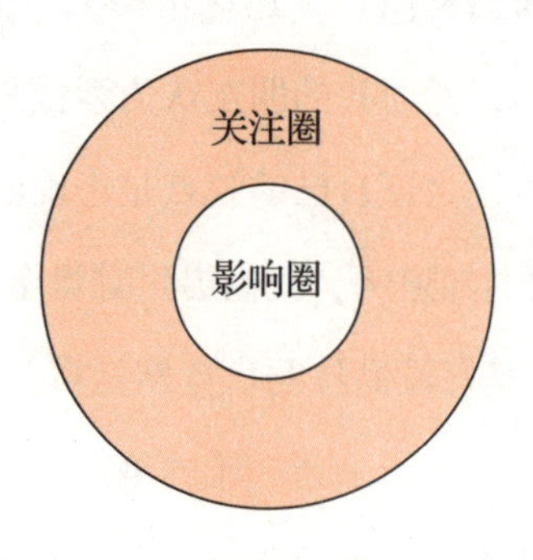

不过，不得不承认，在信息时代，我们的关注圈被扩大到一个前所未有的范围，以至于挤占了我们本可以花在影响圈里的大量时间。每天清晨打开手机，各种新闻弹出界面，各种KOL（关键意见领袖）争奇斗艳，虽然手握一块小小的屏幕，但是颇有皇帝亲政，点评天下大事的仪式感。轻轻一刷，名人的一举一动，翻天覆地的口水战，潸然泪下的感人故事全部像大风一样扑面而来。这种力度很容易让我们卷入其中，成为贡献舆论力量的一分子，抖出自己的机灵，表达自己的愤怒，批判他人的观点。但是对于这些信息的制造者——大多数媒体工作者而言，他们主要的工作目标就是增加作品的点击量，通过“收割”注意力兑换商业价值，而对事物的判断也很容易因为数据的驱动而发生变化。

因此，面对新闻时，如果我们既不能跳进当事人的环境里，也缺乏有效的取证，就很难真正理解真实的状况。在这样的状况下，我们会看到很多网民选择了相信自己愿意相信的观点，并且把大量的时间花在了争论对与错、好与坏上面。然而，当我们拉长看待事物的周期，以 5 年、10 年，甚至一生来看，那些对错难分的事情总会随着时间的推移让真相浮出水面，那些让人们为之争论得面红耳赤的，觉得难以忽略的事情，都会在某一个瞬间被新的话题擦拭掉，更换为新的争论。而我们被这些短暂又无法影响自身的事情吸食掉的能量，却再也不会回来。

所以，无论是网络上还是现实中，面对那些难辨真假的信息，不看也罢。不评价也罢，不争论也罢，如果它们真的重要，一定会被时间筛选出来，一步步接近真相，体现价值；如果毫无意义，就会像流沙一样从我们的指缝间滑走，好似从未存在过。与其把精力花在关注圈事情的对错上，不如把精力花在影响圈事情的精进上。面对那些离我们过于遥远，目前又无法明确判断的事情，不妨用灰度思维给自己一种客观的视角，保留一些纠错的空间。无论是价值还是对错，都会在距离与时间的涤荡当中水落石出。而节约出来的精力，大可用来面对自己可以影响的，与自己的未来休戚与共的事情，毕竟对这些事情擦亮眼睛，才能让梦想照进现实。

05
交易思维的实践

欲取之，先予之

有一位运营企业家组织的朋友曾让我帮他的机构介绍一个做新媒体运营的人。这个新媒体运营人员一方面需要通过新媒体的方式对企业家的思想和活动进行输出，另一方面需要协助团队筹备一些活动会议等。

于是，我想到了一位求职间歇期的朋友，欣欣。在了解这个工作的性质之后，欣欣两眼放光，异常兴奋，跟我说她这两年共事的同事，无论领导还是小伙伴，都是没什么社会资源的年轻人，如果有能跟企业家打交道的机会，真是求之不得。

欣欣面试也算顺利，很快入职了。但是过了半年后，朋友突然问我："能不能再帮我找一个新媒体运营。"我问怎么又要招人，他说欣欣想要离职。既然这么快离职，想必至少一方有不满之处。于是我问朋友，欣欣在这里工作得怎么样，朋友坦言告知，他认为欣欣来这里的目的不纯，工作没有可圈可点之处，却紧追着跟各种企业家打交道，这种过度的社交，让他觉得不是很舒服。

听了他对欣欣的反馈，我也觉得欣欣有些不妥，但还是想了解究竟，于是我就把欣欣约了出来，跟她聊了聊离职的事。欣欣告诉我，她觉得目前这份工作性价比太低，就是拿她当廉价劳动力。市场上她这样的新媒体运营现在都可以拿到 1.5 万元的薪水，但是她却只能拿到 1 万元出头。虽然打交道的都是企业家，但她现在觉得都是虚的，互动了半年并没有给自己带来什么。

“这半年你写出过爆款文章吗？”

“没有。”

“那你的工作重点是什么？”

“其实现在我也不怕跟您说，如果想做新媒体运营，我是不会来这儿的，来这儿是希望见一些大人物，能给事业一个跳板。”

“嗯，那人脉建立了吗？”

“只能说认识了吧，其他的也没给我带来什么。”

“那你现在又要换工作，拿着你在这里的作品跟他们谈，你有信心让他们中的某些人给你 offer（录取通知）吗？”

“这样对我现任老板不太好吧？”

“那……你的老板满意你吗？如果下一份工作需要做背景调查，他愿意为你真心实意地说好话吗？”

欣欣沉默了，低头抿了几口咖啡：“我觉得我确实不够让老板满意，可能是这里的工作确实不能满足我的诉求吧。也许您觉得这份工作最重要的不是工资，但是对于我来说，每个月房租太高了，而且收入比我高的同学，我也是羡慕的。所以，换一份工作是我目前最好的选择。”

我理解她对于生活品质的诉求，所以我遏制了试图“教育”她的想法。

很多人不知道“认识”和认识之间到底有多远的距离，可能会远到，我认识蒙娜丽莎，但蒙娜丽莎永远都不会认识我。对于一个职场小白而言，最重要的不是你认识谁，而是谁能认可你。如果欣欣能在过去的半年中写出几篇爆款文章，这几十个企业家都会看到她的专业实力；如果她曾在过去的半年中做过几场有品质的企业家专访，也会让这些企业家刮目相看；如果她的每篇文章都精益求精，超出同业水平，所有人都会欣赏她做事的态度。她只想认识这些企业家，期待得到他们的提携，但是她没有想过，怎么做，才是企业家眼中发光的年轻人。企业家都是经过摸爬滚打，“吃过见过”的人，想从他们身上捞好处的人太多了，一个资质平平的年轻人又如何能激发他们的兴趣？

欣欣 1 万多元的收入与同行的 1.5 万元差了近 5000 元，这 5000 元是选择这个特殊平台的成本，换来的是与更加优秀的人接触的机会。同龄人想要跟自己企业的老总搭个讪都是很难的，她却可以通过写作与活动的形式频繁地与这些企业家沟通。可惜的是，她没有把精力放在展示自己实力的舞台上，而是放在了私人交往上。私交上的稚嫩与工作当中的敷衍，让她无形中背上了不专业、不职业的标签，也让那些潜在的机会在他人的差评当中默默飘散。

很多人以为，机会之所以损失，是因为机会到来时自己没有牢牢抓住，但其实更普遍的现象是，很多机会在走向他们的路途中就已经返程了。没有人会真正意识到这一点。这，才是损失最大的部分。

很多人困扰，为什么别人就撞了大运，有贵人提携，而自己却始终单打独斗，孤木难支？这其中有一个很重要的能力差异，就是我们是否能够有效构建和运营自己的人脉。

我们平日里看到的房、车、现金都是有形资产，而构建人脉和运营人脉的能力是一种无形资产。既然我们将其定义为资产，便可以再度引用《富爸爸，穷爸爸》里面的定义：资产就是能为你产生现金流的东西。它不是静态的，而是动态的，是能够在市场上进行交易的。

所以，想要拥有有效的人脉，前提是拥有优质的交易思维。这跟会计报表一样，有借有贷，而不是把你想要的东西，当作免费的。

知乎上曾有一个热闹的讨论：毕业于名校，竟然买不起房，这个世界怎么了？底下不乏支持者。但是放眼任何一个国家，查询任何一本教材，都没有一条规律叫作有知识就等于有钱。只有我们的知识创造了价值，我们才有资格拿到对等的财富。只有我们的个人价值流动在这个市场上完成交换，才有更多的货币进入我们的账户。所谓交易，就是交付与兑换。我们有了可以交付的价值时，才能兑换自己想要的东西。所以，我们的市场价值并不是由学历和自己的主观意愿裁定的，而是由市场裁定的。

同样的情况并不少见，我们在浏览各种网站的时候，也会被各种各样关于“我理应得到”的问题霸屏。

如何能够嫁进豪门？如何能够遇到贵人？如何搞定大佬？如何一夜暴富？

但是极少有人问，我该向这个世界创造些什么，世界才能认可我？

欲取之，先予之，予在前，取在后；舍得舍得，舍在前，得在后。

这两句话明明白白地告知了世人“得到”的智慧，但是人们偏偏不愿相信，而是想要通过捷径，虏获那些与自己不对等的东西。

我们出生时，世界并不欠我们什么，但是当我们为世界付出的时候，世界已经开始“欠”我们的了。

明白这点，才算是完成了交易思维入门。

对别人的付出定价

很多人有过这样的经历，找了个熟人帮忙，熟人答应的时候很果断，结果干的时候很磨叽，你也不好意思要求他，只好等他磨磨叽叽地干完。等到给你交付的时候，你发现做得也不好，但是碍于情面又没法直说。

在网络上，我们也会经常看到婆媳关系的案例。生了孩子，婆婆来带，但是由于两代人观念的差距，长辈与晚辈的辈分礼仪，很难像在职场上一样完成相对直接的沟通，而是在情绪的撕扯中最终发展成彼此的怨念。

解决这两种问题可以用同一种方法，事前确定回报，连带回报说出自己的标准。

对方一旦接受了我们的“感谢费”，就相当于在原有的关系之外构建了另外一层关系，那就是雇佣关系。他就不得不打起精神，按照工作的标准来做，你在过程中会更有话语权，最终的结果，对方也会相应比较负责。让婆婆带孩子之前，先给予她育儿的“辛苦费”，谈清楚你关于育儿话语权的要求，大多数人都会因为你在经济上给予的补偿而对你的话语权有更大的尊重。

当然，这两个案例都是我们主动需要别人帮忙，很多时候，我们是被别人帮助的。

朋友很擅长理财，给你推荐了两支股票，听了他的建议，你确实赚了。

朋友给你介绍了一个生意，你谈成了，从中赚了不少。

朋友是个学霸，将各种科目的学习笔记免费分享给你，让你在学习中省了力。

朋友是个社交达人，带你进入各种圈子交新朋友，让你打开了眼界。

朋友和你是忘年交，常常给你分享各种人生经验，让你少走了不少弯路。

这些东西看似免费，实际上很贵。他与你分享的，恰恰是他资产的一部分。有些人会认为，他不就是随口一说、随手一推吗，对于他来说并不费力啊！但是他分享给你的这些资源，是他曾花了时间、精力、金钱换来的，不带你玩儿他没有任何损失，但你的损失可能是巨大的。所以这个定价体系并不是根据别人分享时的难易程度定的，而是根据你的受益程度定的。就好像巴菲特的天价午餐，一顿牛排不值钱，但是拍卖者需要花大价钱，因为这买的不是一顿饭，而是巴菲特面对面的思想真传——巴菲特无形资产的一部分。

我们常常会把有形的东西定义为需要回报的，无形的东西定义为不需要回报的。别人请我们吃饭，几百几千我们会回请，但是别人提供信息，有些人会觉得这是免费的。别人提供信息的时候，往往是有潜在的回报预期的，如果我们不能做到优质信息的交换，便很难持续通过别人的信息获益。这也是为什么圈层越向上，信息越向下封闭，因为信息不存在不对等的流动。

我们在面对别人提供的帮助时，只要是让我们受益的，都应当记账在心，并适时地予以对方回报。

如果我们回报了，相对不回报的人，对方印象会更深刻；如果超预期回报，那么我们会在这段关系中反客为主，成为对方愿意回报的人。有些人的生存逻辑是，我不喜欢麻烦别人，也不喜欢别人麻烦我。还有一些人则是，我会麻烦我想结交的人，然后回报我想结交的人，让对方在我这里收获两次：第一次，乐于助人的人设；第二次，充分的回报。这个过程中，关系也就自然而然地建立起来了。

做别人的贵人

势败休云贵，家亡莫论亲。

偶因济刘氏，巧得遇恩人。

这是《红楼梦》里对王熙凤女儿巧姐的判词，判词中第二句“偶因济刘氏，巧得遇恩人”道明了凤姐与刘姥姥之间的命运流转。

刘姥姥拜访荣国府时，得到了凤姐得体的优待。不仅体贴关心其饮食，而且出手阔绰，第一次就给了刘姥姥二十两银子，足够乡下人一年的开支。由于凤姐的原因，刘姥姥得以二度拜访荣国府，更受到贾母的款待，并且被亲切地称为“老亲家”，还因为此次的拜访得了王夫人一百两银子。

王熙凤在富贵之时一定想不到，自己种下的善因给自己带来了善果。贾府被抄之后，刘姥姥忠肝义胆，并未置身事外，搭救了凤姐的女儿巧姐，给巧姐一个安稳的后半生。

一开始，凤姐是刘姥姥的贵人，让一介贫民的刘姥姥有机会攀上富贵家族，然而贾家落败之后，刘姥姥身份逆转，成为解救巧姐于苦难中的贵人。

很多人都认为贵人是强于自己的人，其实不然。

一个人再优秀，如果他不愿意与你分享资源与机会，那他也不是你的贵人。

一个人再普通，如果他曾为你创造过某个重要机会，那他也算你的贵人。

比如你是一个年薪 40 万元的人，一个年薪 10 万元的人正好看到一个年薪 70 万元的很适合你的机会，并且把这个机会分享给了你，最终事成，他就是你的贵人。

人在没有社会资源的时候，往往热衷于攀缘那些更有社会资源的人。但是很多获得了巨大成功的人，除了与同等资源的人交往，也非常愿意提拔那些有潜力的后生。拼多多创始人黄峥在短短几年时间里，创造了一个数百亿美元市值的公司。在接受媒体采访的时候，黄峥总是会提到他的师傅——段永平。段永平曾经拍下巴菲特的天价午餐，旁边带了一个年轻人，那就是26岁的黄峥。不仅如此，段永平还间接推动了OPPO和VIVO的成立。很多人将段永平比喻为《出埃及记》中的摩西。在他的带领下，一群南下寻找机会的年轻人，突破阶层藩篱，从一无所有走向了财务自由。OPPO创始人陈明永，VIVO创始人沈炜，步步高CEO金志江，拼多多创始人黄峥是他最为知名的四大门徒。对于很多企业家而言，并不是因为他们功成名就所以提携别人，而是因为他们提携别人才更容易功成名就。

古人云：贾人夏则资皮，冬则资絺，旱则资舟，水则资车，以待乏也。洞察人脉资产真谛的人不会病急抱佛脚，而是在自己力量微弱时，就能看准身边那些有潜力、有能力的人，通过对他们的帮助，建立与自己的连接，搭建自己的人脉网络。

社会关系常常是在“你用用别人，别人用用你”的过程中建立的，表面上仅仅是一种协作，但更深层次的，是彼此试探与判断。张三很靠谱，李四有信用，王五能力强，马六人脉广……随着试探的加深，你会在对方的心中形成一个由各种标签组成的拼图，拼图中利他的成分越大，别人就越愿意与你合作，反之，走到某个临界点，就会合作者寥寥。

为何？

人们为了保护自己的周全，都会尽量选择风险最低、收益最高的合作伙伴，而且这样的一种原则，越是在不确定性的环境中，越能够体现。常年在大公司里的人，由于已经有了一个固定的晋升机制，在积累人脉上面花的时间会比较少，但是一旦进入企业家领域或者自由职业者领域，往往会对别人的潜在价值高度敏感，也会更乐意用做别人贵人的方式，来建设关系，为自己的日后发展铺平道路。

在我创业之初，曾有一位朋友对我帮助颇多。一开始他就跟我说，千万不要轻视那些现在比你年轻、比你弱小的人，虽然他们目前能为你做的事情有限，但是如果他们心里有股劲儿，就会走在越变越强的路上。人都有不小心走窄了的时候，那么之前积累的福报就可能在此时发挥作用。

慷慨是一种很隐秘的野心，它总是藏在那些拥有远大抱负的人身上。

07

第七章

用科学的方法优化人脉

01
向上的必要引力：与高手过招

我想复制你身上的能量

晓晓是我大学时期认识的女孩儿，当时的我顶多想想去哪里找个实习，赚点零花钱，但是晓晓已经开始用自己的方式规划人生。走在北京的大街上，看着灯火霓虹，我们聊起了关于未来的想法。她对我说："大学毕业，一份工作才能挣 6000 元，在企业里按一年增长 20% 算，照这个模式，自己一辈子也不会在北京过上好日子，所以要找到更快的进阶路径才值得留在这里。"当时的我没有算过这道计算题，也没有想过什么才是更快的进阶路径。大学毕业之后，每个人都有了新的港口，晓晓进了一家外企，成了一名月薪 6000 元的白领。除了努力工作，谈恋爱也没落下，不过，她每次谈恋爱的过程都很特别，每一任男友都像一个贴身的"学习模板"。

她都找过什么样的前男友呢？为了厘清他们的次序，我姑且以 ABC 作为代称。

A 是晓晓大学时候的男朋友，一家外企的管理培训生。那时的晓晓对于毕业后做什么还是比较迷茫的，恰好认识了 A 学长。A 学长常常会在茶余饭后跟晓晓讲一讲各个岗位的区别是什么，企业里的内训都讲了些什么，不同的人是如何做自己的职业规划的，等等。当时的晓晓除了忙于自己的学业，并不会缠着 A 逛街、购物、做美甲，而是会缠着他研究他的工作，甚至帮他做一部分工作，学着站在他的角度考虑问题，宛如贴身助理。这种手把手教授的锻炼过程让她受益匪浅，以至于无论是找实习还是干实习，能力堪称所向披靡。

与 A 分手后，晓晓结识了 B，B 是一名互联网创业者。她结识 B 的过程也颇为神奇，她在报道里看到 B 的专访，后来又看到他在招助理，就以助理身份应聘，没多久 B 就成了她的男朋友 + 老师。晓晓除了对自己的本职工作尽职尽责之外，还经常花精力研究 B 所从事的领域，与 B 讨论创业过程当中的思考与问题，学着给 B 出谋划策。这段恋爱让晓晓考虑问题的格局更上层楼，那就是老板思维。

与 B 分手之后，她又结识了 C。C 可谓青年才俊，在投资方面颇有心得，像是一个天才型选手。晓晓与他相处的过程中，最喜欢干的事情就是跟他学习如何投资。在这位男友的带领下，晓晓给自己赚得了第一桶金，获得了丰厚的不动产和流动资产。

更为有意思的是，每一任男友与她分手后还可以和平相处，偶尔打电话讨论事业与工作。这是绝大多数人与前任做不到的。

跟我在一起时，晓晓总是很直接地分享自己的想法："别的女生谈恋爱要车子，要房子，要无穷无尽的爱。而我想要的是一种可以牢牢抓住的能量，它属于我，不属于别人。"

"你啊，这叫和高手过招，一路下来水平越来越高。"我笑道。

"是啊，你欣赏我，我欣赏你，共同进步多好。何必成天你侬我侬，爱得伤筋动骨。"

"先明白自己想要什么样的生活，再选择谈什么样的恋爱，本末倒置只会扭曲生活。"

"哈哈，你的摩羯病又发作了！"晓晓调侃道，"其实啊，无论嫁什么样的男人，终归自己的生活需要自己负责。"

我们每个人都是社会动物，一生中必须用大量的时间与社会上的人和资源完成协作。我们的协作对象高效能与否，也会直接影响到我们自身的效能发展与协作成果，所以才会有"和臭棋篓子下棋，越下越臭"的说法。我们的陪练一定程度上决定了我们的进化效率。因此，**不断寻求与高手过招，就是**

不断寻求进化环境，让我们在更高效能的环境中完成单靠自身无法完成的进化与晋级。

那些"润物细无声"的影响

人与人之间的影响远比我们想象中深远。

相处10年以上的夫妻，不管他们相爱之初的差距有多大，在这10年当中，为了关系的融洽与减少摩擦，都会在自身的忍耐范畴内最大限度地向对方妥协与靠拢，甚至连表情纹都越来越接近，形成所谓的夫妻相。无论是优点还是缺点，无论自己是否愿意，当人与人之间的生活紧密交织时，彼此灵魂的明暗盈缺向对方的渗透都是"润物细无声"的。这也是为什么在有的选的情况下，最好选择那些能够滋养我们并可以共同成长的人，因为其中的任何一方的成长都能够牵引与撬动对方的成长，从而形成长期的，如同跷跷板一样的"撬动型成长关系"。

在一家公司上班10年以上的员工，不管他进入公司之前是怎样的行事风格，他在公司当中为了长久、舒适地生存，快速、富有竞争力地提升，一定会越来越靠拢这家公司的企业文化、思维模式、行为逻辑。如果他不能做到保持靠拢，而持续坚持特异性，就会像一个无法与大齿轮咬合的小齿轮，在持续的摩擦之下丧失节奏，甚至发生碎裂。这种难以承受的不适感只会逼迫他尽早离开，无法生存10年之久。

任何两者之间要形成平滑的接触，要么是一开始就像量身定制，要么一定伴随着至少一方特异性的萎缩。这个过程中强的一方往往更有破坏力，最终通过持续不停的摩擦，让弱的一方变为适合自己的形状。就像某些企业文化中必然有一环叫作“入模子”，不论你是橡皮泥、水果泥还是蔬菜泥，都要接受变成某种形状才能在这种环境中生存。

我们能改变的，是我们影响圈内的环境。譬如，家庭成员之间的相处，年度家庭财富计划，自己所带领团队的团队文化。面对我们影响圈外的环境，我们更多是做出了针对其标准的适应和妥协。譬如，学校对于个人的评价体系，整个行业对于某种岗位的要求，人际圈子内对于吃穿用度的隐形标准，等等。一旦进入外部环境，被改造是不可避免的。这也是很多毕业于名校的家长非常执着于自己的孩子上名校的原因之一。因为回溯自己的教育经历，他们习惯了在与高手同台竞技的过程中满足高标准，虽然这个过程带有压力与艰辛，但是他们也在不断晋级中获得了更强有力的竞争锻炼。除了名校学历带来的就业优势，他们更相信这种与高手博弈的过程会让孩子形成对自己高标准、严要求的习惯，从而在进入社会之后面对更广泛的群体时更具备竞争力。

当然，在选择发展方向时可以进行降维打击。譬如，你携带着某个行业的高精尖理念与技术进入依然粗放的市场，那么你将比那些不专业的竞争对手更容易赢得机会。**但是当你选择合作对象时，不妨升维攀缘，让自己向上看，看看自己能否越过山丘，越过山丘之后，到底有多少人在等候。**

成长初期宜高手云集

曾有人问我，第一份工作该不该去小公司？

我的建议是，如果这家小公司没有一个足够优秀的老板或者创始团队，那么还是应当寻求一家在招聘当中有着高标准的大公司。我们在选择环境的时候，最需要注意的就是不要给自己设限，不要选择那些天花板过低的环境。这会让我们对自己未来的上限估计过低，从而对自己的人生做出保守的规划。

我们的人生永远都在围绕着可能性做出行动，当我们没有看到可能性时，就无法为之做出有价值的行动，从而没有办法给自己带来有价值的变化。我的父母是 20 世纪 60 年代生人，在他们的高中时代刚刚开放了高考，但是很多人并没有选择考大学。因为他们不知道上大学将会给自己的人生带来多么大的改变；不知道未来的几十年，中国将发生哪些翻天覆地的变化；不知道开放高考后的第一代大学生，将如何成为一个时代的中流砥柱。后来的事情大家都看到了，越来越多的人开始考大学，因为他们从很多大学毕业生的前途当中看到了自己可能拥有的前途。我这些年接触过很多名校毕业的学生，也接触了很多普通学校毕业的学生，有些时候人与人之间并非一定在能力上有着不可弥合的差距，更重要的是，前者的内心更坚定地相信一种可能性：我可能成为什么样的人。因为中国顶级的院校享受了顶级的教育资源与社会资源，在这里读书的人从进出学校的优秀校友身上，从与学校紧密联系的社会名流身上，看到了很多种更为远大的可能性。为了自己期待的可能性，他们按图索骥，从自己的人生中寻求最优解。

在寻求事业发展的时候，也需要将可能性纳入考虑范畴。当一个平台有更加广阔的空间时，你会明白一个有机组合的组织机构里，竟然有这么多不同的部门承担着不同的任务。你可以了解到这个有机体都有哪些“脏器”，每个“脏器”有什么功能，它们之间是如何配合的。这是一个狭小的事业空间无法完整给予你的体验，你必须像血液一样在里面流动过，才能亲眼看到，亲身学到。渐渐地，你会在自身发展的律动中，真正找到属于自己的角色。如果你所处的环境是狭窄且资源短缺的，那么这个环境中最优秀的人几乎就是你的天花板所在。当你个人能力的发展远超环境的需求时，你就会感到焦虑、无力、迷茫。但是这些并不是努力与否的问题，而是选择带来的必然结果。因此，选择那些天高任鸟飞的环境，能够让外界的能量持续对你产生影响与冲击，带来令你不断进步的紧张感，你也会感到自己所付出的努力越来越有意义。

成长初期选择与高手共事，他们身上的优点就像蒲公英，总有一些会在你身上生根发芽。

高明的对手造就高明的自己

我曾在视频中分享过一句话：让自己快速成长的最好方法不是看书，而是与高手过招。仅就做事上来说，大量的人都是60分水平，这让80分水平的人往往显得格外出色。而人生成功的秘诀就是，拒绝和60分的人合作，克制和80分的人合作，坚持只和90分到100分的人合作。

这并非我的原创，乍一听来非常扎心。但是如果你的工作当中充满了合作，你就能够理解这段话所表达的含义。**与高手过招，最大的好处就是让他们成为你的眼睛、成为你的标准、成为你的手脚，让你个人的功能与意志都得到极大的延展与发挥。**

在开启第一家营销公司之前，我刚从互联网公司离开不久，对于如何拓展甲方、如何提案一窍不通。我唯一的资源就是自己脑袋当中的想法，我能提创意、写文案、搞传播，除此之外，我没有任何营销、广告、公关公司的经验。然而不知是饥寒所迫，还是无知者无畏，我竟然大胆地启动了。对于当时的我而言，除了一个自己原创的自媒体大号之外，既没有现成的人脉，也没有现成的案例，更妄谈甲方资源。于是我换了一个角度，去找甲方的合作方（他们的乙方），我潜在的竞争对手，那些市场上第一梯队的乙方，与他们合作。一方面，他们不会像甲方一样，有极高的合作伙伴筛选标准，另一方面，我们毫无经验，找一个有经验的合作伙伴，才能有机会复制他们的经验。

这些公司每年的项目数量往往会超过其运营能力，我的积极得到了他们的响应。找到这些大型乙方之后，我积极承揽他们 100 万元以下的案子。在合作的过程中学习五点：

1. 他们是如何寻找客户的；
2. 他们是如何与甲方合作的；
3. 他们是如何撰写方案的；
4. 他们是如何为自己定价的；
5. 他们的执行流程是怎样的。

在这个过程中，通过与他们的合作，模仿他们的一切。一年之后，我训练出了一个成熟的团队，在竞标的时候竟然可以战胜行业头部的公关公司。

在培养员工方面，我也秉承着与高手过招的思维。由于刚开始创业，预算有限，我手下只有一个两年工作经验的女孩儿，剩下的员工应届生和实习生居多。他们的特点是学习能力强、干劲儿强，但是格局和社会经验不足。如果他们不能挑大梁，我就永远不能解脱自己的手脚。于是我决心对他们来一场揠苗助长：

1. 让他们直接对接客户的品牌经理；
2. 让他们直接撰写重大的方案并与客户沟通；
3. 让他们直接挑战现场提案，现场说服客户。

以他们当时的能力，与工作5～10年的人频繁对接与合作其实有巨大的压力，但是我相信，通过这样的压力，一定能筛选出一部分急速成长的人。我会在他们与客户进行商务沟通的时候旁听，然后做出改进反馈；让他们不断剖析行业里的优秀案例，然后快速模仿；每周让他们模拟提案并且录音，接受我各种形式的质疑，再回听自己逻辑与措辞中的问题。当然，这种揠苗助长的方式喜忧参半，一部分人不堪压力提出了辞职，这是我如今想来觉得非常抱歉和遗憾的事，但咬牙坚持下来的人很快在压力中学会了独当一面，在能力上可以俯视同期毕业的同龄人。

俗话说：严师出高徒。但是进入了社会，我们没有机会拥有那么多严师，如果我们相信自己的潜力且愿意主动进化，那么与高手过招就像无形中拥有了一个极度严厉的好老师。每天都会被虐，被虐的感觉很痛苦，但是虐到量变到质变时，自己就能成为更好的人。

所以，想要成长，就要去寻找人群中那些最优秀的人。与60分的人合作，像是我们背着一个人在跑，不仅自己跑不快，而且疲惫不堪；与80分的人合作，像是与力道相当的人一起划船，节奏感让我们心旷神怡，但也不会那么快；与90~100分的人合作，像是坐上了阿拉丁的飞毯，让我们看得更高、看得更远，也让我们有更多的可能，去那些想去却没有能力去的地方，有能力去却没有勇气去的地方，甚至那些超越了自己想象的地方。

我们会因为先天的差异而彼此不同，但更会因为后天的经历而明白彼此为何不同。

3年更换一个Role Model[一]

很多人都会在年轻的时候选择一个遥不可及的偶像。他们可能是企业家、歌手、运动明星、艺术家，我们因为他们名声在外的励志故事而感到热血澎湃，仿佛透过这些也可以让自己充满力量。更有理想远大者，会认为自己是下一个马云，下一个马化腾。但是时间的车轮滚滚向前，不论我们多么努力，我们既不会成为下一个马云，也不会成为下一个马化腾，我们所

[一] Role Model：楷模，行为榜样。

能成为的，只有可能是具有独特属性的自己。所以，几乎所有的偶像，象征意义都远大于模仿意义，他们的成功过程往往挟裹着时代的红利。对于普通人而言，“橘生淮南则为橘，生于淮北则为枳”，环境不同，即便付出同样的努力，结果也会完全不同。所以，除了那些象征意义上的偶像，我们更需要一些离自己更近的 Role Model。

Role Model 这个词没有十分简洁、贴切的中文翻译，说模范、说榜样都显得过于死板。我更愿意把它直译为角色模板——一种阶段性的进步模版，是我们想成为且通过努力能够成为的那个人。人生这条路很长，如果一开始就盯着终点未免太过于焦虑慌张，不妨每隔 1000 米设一个小目标，前进的动力看得清、摸得着，一个个突破下来，好让我们不那么绝望地跑完全场。这个小目标就是 Role Model。

相信很多职场人都有同样的感受，那就是工作的前几年进步往往比较快，但是几年之后如果工作环境和周围的伙伴没有变化，就很容易陷入倦怠，不知道自己的方向在哪里。因为刚进入职场，人人都是前辈，你的心态往往也是非常谦卑的，所以能像一块儿海绵一样，不断地吸收周围的养分。但是当你工作几年之后，就会发现自己的能力逐渐与周围的人持平，甚至超过了他们，这个时候你就会陷入舒适而不自知，且很容易衍生出诸多的挑剔心态。然而一旦周围的环境发生变化，比如给你一个更艰难的任务，一个更强有力的竞争对手，一个更有能力的顶头上司，你的海绵心态又会被重新唤起，感觉自己又有了努力和进步的空间。

每个人的成长周期都是不同的，但是大多数人基本上都是三年一个台阶，社交关系也是一年一小变，三年一大变。在我们以三年为节点的人生中，会出现各种各样的人，他们全局性或局部性地比我们优秀，让我们充满压力，也让我们从他们的身上看到一件事情还有更好、更宽广的可能性。

在我职业生涯的前五年，每年都会有自己的 Role Model。我会对他们的能力结构进行全方位的分析与复制，小到如何撰写邮件，如何待人接物，大到如何设计工作计划，如何设计业务战略。这个过程当中少了很多不必要的迷茫与自我怀疑，多了很多的成就感。很多人抨击国人擅长模仿却没有创新，但不得不承认，模仿能力的炉火纯青也让我们迎来了更高效率的发展。职场上的绝大多数技能都是有通用性的，并不需要格外发明，但是我们需要找到那个适合自己的风格，可以模仿复制的 Role Model，模仿他们的思维、模仿他们的细节，而且力求做得比他们更好。如果能做到这一点，已经是巨大的胜利。

一年赚多少钱是一种定量的目标，而成为什么样的人本质上是一种定性的目标，只有我们全方位地接近这类人、了解这类人、分析这类人、模仿这类人，才有可能成为这类人，甚至超越这类人。所以，这种定性的目标不用很远，也不用很近，以三年为节点，找到这个阶段的 Role Model，去复制他的优秀素质。人生中巨大的跨越往往依靠创新、机遇与自我颠覆，但是小步快跑往往依赖的是自身快速复制的能力。我们不可能复制成为马云、马化腾，但是可以复制自己的学长、学姐，复制自己的顶头上司，因为他们的优势目之所及，只要勤于模仿，就一定能实现。

与那些比你快半步的人交朋友

我们在学生阶段交朋友往往是随性而纯粹的，这种美好的友谊很可能伴随我们人生很长时间，弥足珍贵。而当我们进入社会之后，会比在学校里有更多的竞争压力、合作需求与成长动机，这种心理状态的变化也会影响我们对于社交的诉求。很多人都想和优秀的人交朋友，甚至不惜花重金结交与自己阶层相去甚远的人。但是这样的社交过程除非个人能力十分高明，否则大多数时候都是单方面的热情，而且投入回报比非常低。

任何长期、稳定、愉悦的关系都伴随着平等，这种平等是一种综合性的指标：个人的背景、能力、爱好、性格和对关系的付出程度等综合地构成了双方的平衡。所以，交朋友也是一种寻找平衡的过程，如果你想要有更多优秀的朋友，不妨做一个人际关系当中的主动者，主动与那些比你快半步的人创造关系。

什么叫作快半步呢？也许我可以用下面的 3 个 1/3 来阐释。当然，在每个人的生活当中，这个比例肯定是有所不同的。

1. 1/3 他能做到的事情，我也能做到，而且做得一样好；
2. 1/3 他能做到的事情，我也能做到，但是未必做得像他一样好；
3. 1/3 他能做到的事情，我却做不到，但我相信努力之后也许可以做到。

这样的人往往离我们很近。当然，并不是每个人都能与比自己好一点的人在真正意义上搞好关系，因为差很多是羡慕，差一点是嫉妒。克服嫉妒是非常必要的，何必和更好的自己过不去呢。人际关系当中，不妨以李小龙的那句“Be water my friend”[㊀]为行为指标，行云流水之中柔软通透，我不吝于涵养万物，万物亦皆为我所用。

长期坚持这种思维方式会让我们学会体察和分析别人的优点，真正实践“三人行必有我师”，也会让社交过程更具有价

㊀ Be water my friend：直译为像水一样流动，我的朋友。源自李小龙在访谈中阐释自己的武术哲学——人应当如水一般柔软又刚强，可以在变化中适应万物的形状。

值感。我们对朋友的认可是真诚的、发自内心的，对方也一定会感到我们对他的认可与肯定。如果我们身边常年有三到五个比自己快半步的好朋友，是一件非常幸福的事。遇到难题，总能听到高见；一起做事，总能顺利推进；闲暇聊天，总能受益匪浅。这个精进过程平等互融，何乐而不为呢？

02
向前的重要抉择：选对引路人

人生中的重要关系：选择比经营更重要

我曾在视频账号发过一期关于如何培养老公的内容，大意是，你的老公好不好，一半在于选得好不好，另一半在于培养得好不好。当然，这个言论调侃成分居多，却引来了一众女生的评论。很多过来人发表意见：选得好才是最重要的，选错了，怎么培养都是无法奏效的。

这里涉及选择和经营孰重孰轻的问题。伴侣选得适合自己，那么未来的经营过程则是顺水推舟；伴侣选得不适合自己，那么未来的婚姻生活更像逆水行舟。面对同样问题时的难度不同、心态不同，甚至解决的方向也会不同。

人们对婚恋选择的重视度远远大于其他关系，因为婚恋对于大多数人来说直接关系到生活的幸福感。但是我们人生中的其他关系，也扮演着极为重要的角色，只不过我们习惯被动接受，而非主动选择。譬如老师，譬如上司。小时候，我们遇到一个喜欢的老师，甚至会激发自己对某个学科的兴趣，本来觉得困难的学科也变得有趣起来。长大后进入职场，我们遇到一个适合我们的顶头上司，工作中出了难题心里是有底的，方向上有了迷茫是有人指点的，他升迁时我们也是受益的，一路更像顺水行舟，不知不觉就能走到对的位置。按照3～5年换一次工作计算，如果每次都能遇到好老板，基本上可以直接把我们带入职场的快车道，如果每次都遇到很不适合的领导，那么我们的职场发展，尤其是前10年的黄金期可谓是浪里行船——走哪算哪，只能自求多福了。

当我们进入职场的中高层，每换一次工作都有可能要接受背景调查。我们不妨每换一次工作，都不要仅仅把眼光放在职位与待遇上，也花一些时间对未来可能的老板做一次背景调查。毕竟，把自己前进的引绳交给一个自己认可的人，未来共事起来闹心的概率不会太大。

当然，也会有人说，都是老板选我，哪轮得着我选老板啊？其实好徒弟挑师傅，差徒弟师傅挑。我们选择权的大小是随着个人实力的增强而不断增大的。第一份工作时，我们还是一张白纸，没有职场经验，既不具备选老板的资格，也不具备选老板的眼光。但是当我们逐渐在职场上有话语权之后，不妨给自己挑选一下引路人。毕竟，差的引路人带会让我们一条道走到黑，而好的引路人会让我们前途光明。

从老板的身份特点出发，我主要分享两类老板的选择方式：机构倚赖型老板与实力倚赖型老板。

什么是机构倚赖型老板？

这位老板也是企业的雇员，他当前在企业里占据一个比你更高的位置，带着你干活，但是他自身并不完全具备企业人事生杀予夺的话语权。

什么是实力倚赖型老板？

这位老板是公司的创始人，他在公司里占据绝对的主导权，把你当作合伙人或者重要人才，希望你能与他一起打出一片天地。

第一种老板在我们职场的前 10 年比较常见，毕竟这个阶段大多数人还是依托机构进行职场路线的规划与发展。第二种老板在我们职场发展 10 年后遇到的可能性越来越大，随着我们个人能力的提升，家庭收入的需求以及中年职场拐点的到来，很多人都想脱离公司，跟着一帮靠谱的人自己打江山。这两种老板都对我们个人的前途有一定的掌控作用，但是选择他们的原则却有很多的不同之处。当然，我以下列出的众多原则并非让大家去苛求自己的老板，去寻求一个十全十美的引路人，而是可以作为一种做选择时的参考思路。

如何选择机构倚赖型老板?

关键词：实力、胸怀、缘分。

1. 老板在公司的综合实力

我这里所说的老板并非公司的 CEO，而是与你关系最紧密的上司。判断一个管理者在公司的综合实力，有三个很重要的因素：

(1) 老板是否靠近公司的核心资源

靠近核心资源，隶属核心部门，都意味着更大的话语权。

作为职场人，如果兴趣与专业相对灵活，应当优先考虑公司的核心部门，也就是那些为公司创造核心竞争力和经济效益的部门。这种部门是最受大老板关注的、最容易出彩的、裁员的时候最后考虑的。在这样的部门，个人更容易体现价值，遇到经济萧条时风险性也较小。如果身处核心部门，未来升职的概率也往往高于其他边缘部门。

所以，在选择老板之前，要研究清楚这家公司的结构与重心，你未来即将每日共事的老板到底是核心部门的核心管理者，还是身处曝光率较低的边缘部门。如果别的部门都仰仗他的部门，唯他马首是瞻，那么你作为下属，推动工作的过程中自然阻力比较小，话语权也比较强。如果状况是相反的，你所在的部门并不能得到整个公司的重视，那么即便自身能力很强，也容易阻力重重，很难在更大的舞台上展现价值，更勿言如何受到高层的瞩目与认可。所以，进入职场，无论选部门、选岗位，还是选老板，都尽量离核心资源更近一些。

(2) 老板是否处在向上的快车道

职场中的升迁往往是连锁性的，上司升迁，下属才有更大的概率向上一步。所以，做背景调查的时候，需要看看这位潜在的老板是否处在向上的快车道。比如：

他是否有连续晋升的经历？

他的向上管理是否通畅有效？

他是否具有向上进取的态度？

他的个人背景能否为他的晋升提供良好的背书？

如果这些方面的答案都是否定的，那么证明这位老板的晋升难度是比较大的，作为下属，升迁难度也会有所增加。你的老板就好像火车头，而你则是后面的车厢，只有当他高速奔跑时，你才有机会看到更多的风景，走更远的路。

(3) 老板是否具备个人能力

进入职场，很多人还是想学点真技能傍身的，而这个师傅就是自己的顶头上司。如果你有一个能力高强、意气风发的上司，那么也会带动你更为积极地看待工作，而他身上的优势也会像一个个靶盘，让你以之为目标，不断观察与学习。如果你并不认可他的能力，那么不可避免地，面对各种事宜，你内心总会出现与他相左的态度，但是为了工作顺畅，你又不得不收敛自己的真实想法。长此以往，双方都能感受到不快，都会因此受到伤害，也会让你在这家公司的升迁增加许多的成本。相信这是大多数人不愿意面对的问题。

2. 老板待人的胸怀

人要发展就需要空间，老板的胸怀就是下属发挥空间的上限。

胸怀之担当

公司的规章制度未必是灵活有效的，老板的决策也未必每一次都是正确的，所以作为下属，有时执行一些自己不那么认可的工作也是很正常的。但是绝大多数时候，我们还是希望施展拳脚，做一些发挥个人才干与主观能动性的事情。一个有担当的老板更容易对下属放手支持，给团队成员搭台唱戏的机会，让你拥有更多的机会去历练，而好的经验才是未来更进一步的垫脚石。

胸怀之利益

升职、加薪、股权、期权，公司的每一项福利待遇，老板能否为你做合理的争取？

出来混都不容易，如果老板面对下属的努力，连体恤民情的心态都没有，那么跟着他实在是太难了。好老板不会只把眼睛放在自己的利益上面，而是愿意为认真做事的人争取利益，让他们因为自己的努力而得到犒赏。这是领导力的一部分体现。而下属有了更多的激励，才可能被激发出更多的努力。

3. 你是否与老板的风格投缘

对于小公司而言，老板个人的性格特质往往强烈地影响着团队的做事风格；对于大公司而言，创始团队的行事风格与公司常年的发展模式会让公司形成一套稳定的企业文化。所以很多公司在招聘的时候，不仅在硬件上有倾向性，在软件上也有倾向性，也就是说，愿意选择性格上与企业文化比较匹配的人才。

所以我们在选择老板的时候，也需要了解一下，自己与未来这位老板的风格是否投缘。在职场上很常见的一个现象是，不少老板喜欢与自己类似的人。譬如，狼性比较强的老板也喜欢狼性强的下属，他可能会倾向于认为不够狼性的下属缺乏魄力；作风低调务实的老板也喜欢踏实专注的下属，过于外放的下属也许会被认为不够踏实。如果与自己的老板在风格上非常投缘，我们将会拥有更大的施展拳脚的空间：一方面他更容易与你共情，对你认可，在你提出需求的时候给予你更多的教导与支持；另一方面，他的一些做事方法、做事风格，你也更容易有样学样，通过高效模仿获得阶段性的快速成长。

我有位朋友方方，在老东家熬了 5 年都没有升职。刚开始进入公司还是非常有心气儿的，但是无论做事的想法还是风格，她与老板都很不同，所以虽然很努力，但是始终都没有成为老板眼里的香饽饽，导致她连续错过了两次升职机会。连续的挫败让她的心态越来越负面，业绩也越来越差。在一次会议上她被老板批得一无是处，冲动之下递了辞呈。

后来她因为垂直领域的经验进入了一家还在发展中的电商企业。这家企业当时正处于跑马圈地的阶段，她的老板也是她的老乡 + 校友，因此给予了她很大的发挥空间，再加上这次机会来之不易，方方如履薄冰，干得兢兢业业。结果很快时来运转，竟然 4 年升职两次。现在她已经带了一个 10 人的团队，比之前的老板管理的团队规模更大，负责的营业额更不可同日而语。

如第三章所讲，我们除了个人的能力与努力之外，还需要选择那些适宜自己发展的环境，这样才能通过环境更有效率地放大我们的个人才智，从而取得更大的成果。所以当我们在找工作时、跳槽时、转岗时，不妨多花一些心思，选择那些更容易认可我们、提携我们的人。

如何选择实力倚赖型老板?

创业老板与职场老板有很大不同。职场上，一个公司如何，基本已经定型，你的顶头上司作为经理人，本质上对公司的发展并没有太多的话语权。但是对于创业公司而言，如果你跟着别人创业，那么这时候，你不仅需要一双眼睛，更需要“望远镜”和“显微镜”。因为创业有风险，而你的成败，与这位老板是休戚与共的。

1. 看人：寻找他实力的中位数

看人是一件很难的事，否则怎会有人说“知人知面不知心”。即便一个项目万事俱备，人依然是最大的变量。随着社会经验的丰富，每个人都会形成一套属于自己的看人方式，但是我们的个人感知受阅历与智识的限制，很多时候是过于主观的。那么寻找一些侧面佐证的方式，就能够相对有效地对冲我们自身所存在的主观性，提升判断的准确度。

人们常说，一个人的水平就是他的三个敌人加三个好友的平均值。这话说得很“粗线条”，但是也不无道理。你能视为敌人意味着对方于你有威胁，你能称为朋友意味着你们彼此有对等的欣赏。我们选择创业老板时，也可以用此类方式，不过我们的着眼点可以放在他的身边人上面，从他身边人的实力中，我们可以大略看出他实力的中位数。

(1) 看他的追随者

龙争虎斗、虾兵蟹将、虎父无犬子……很多词语都在诠释物以类聚，人以群分的现象。我们判断一位领导者时，从他的行为本身探究是一种方式，从他身边人的状况推断是另一种方式。马云的合伙人如今获得了惊人的财富，但是回到 2003 年，那时物流不发达、网络普及率低、没有便捷的网络支付，可谓是万事不俱备，也没有东风。一群热血的创业者不顾周围人的异样眼神与疯狂唱衰，依然能够团结前行，证明这位领导者一定具备某些“特异功能”，让他们愿意置身于这个现实残酷的环境，追逐一种叫作梦想的东西。

任何小公司和初创团队都不具备大企业的健全体系，因此人就是这个微环境之中的重中之重。如果你看到这个团队的领头羊有一群得力的追随者，能够发自内心地认可他、信任他，甚至格外强干的人降低待遇也愿意跟着他，那从某种程度上来说，这种老板的身上一定存在一种信心的“共振”，大家愿意冒风险跟着他，笃定他能成事。

（2）看他的伴侣

曾经有位朋友与我分享他的看人观点。一个人选择的伴侣水平如何，往往能够从侧面反映出他的精神境界与生活追求。一位男性假使面貌普通、背景平淡，却有一位样貌、能力皆强的智慧伴侣，往往意味着这位男性有他人没有察觉的过人之处；一位女性若外形、背景都没有过人之处，却能找到一位背景、才干皆强的丈夫，那么这位女性的内在十有八九是非常厉害的。其实他的这个推断，表达的是一种平衡原则。两性关系中，当其中一方充满了优质的选择却依然愿意选择条件平平的另一方，证明另一方绝对不是表面上看起来那么普通。

无论男性还是女性，伴侣的选择都是人生当中最重要的事情之一，对人生的走势影响巨大，而且替换成本极高。因此几乎没有人把这件事情当儿戏，都会尽自己所能选择那个适合与自己共度终生的人。这个过程中考验了一个人做选择的能力以及自身所具备的一部分竞争力。

所以，如果一个人拉你创业，讲得天花乱坠，你不知道如何判断时，不如叫他与他的伴侣出来一起郊游、吃饭。看看他对人生当中最重要的事情是如何决策的，与他朝夕相处的伴侣到底是什么段位的人物，是谁与他同呼吸共命运。如果这位男士看着低调普通，妻子却智慧美丽、包容大器，十有八九这位男士也是不错的。因为以他妻子的智力与条件，在男性市场上是有充分选择权的，她没有选择那些更加豪奢花哨的男性而选择了这位男士，说不定这位男士很内秀。

2. 看钱：共患难者未必能共富贵

共患难者未必共富贵，这种例子古已有之，所以人们常说："飞鸟尽，良弓藏；狡兔死，走狗烹。"很多帮助皇帝打天下的重臣在功成之后惶恐自己不得善终而早早告老还乡，即便如此，也不是人人都能得到安享晚年的好运。

很多人会说皇帝心胸也太狭窄了，但是大多数开国皇帝还真未必心胸狭窄，否则怎么能拥有一群浴血奋战的股肱之臣呢？核心原因是皇帝这个岗位全天下只有一个，是稀缺当中的稀缺，他一旦坐上那个位置就太难睡个安稳觉了。平时在一个小公司里，人们为了一个小职位，为了一个小提成都可能各怀鬼胎，你争我夺，面对全天下唯一的岗位，皇帝不可能不多想。

由此，再看创业这件事情就很清晰了。一开始是“王侯将相宁有种乎”，大家不计个人得失闯天下，等到有所成就的时候，却不是人人都有素质能做到“苟富贵勿相忘”。所以，如果你要追随某个创业者，就一定要了解他人生当中的财富阅历，这份阅历往往可以衡量他面对金钱诱惑时的阈值，一旦突破了阈值，就是风险所在。如果他曾经因为自己的家庭、自己的生意、自己的工作经受过巨资的考验，那么他的金钱底线往往是比较高的。也就是说，当巨大的不属于他的诱惑摆在他面前的时候，他可以坦然自若。同时，一个“吃过见过”的老板，往往比没“吃过见过”的人更擅长分配利益。在合作当中的自制与分利，是让一份合作关系走得更长远的前提。

钱永远都是中性的，在弱者面前是蛊惑心智的魔鬼，在强者心中不过是实现手段的工具。因此，与他人合作，要首选那些不易被金钱改变底线的人。

3. 看脑：头乃人之元

如果把一个创业团队比作一个人，那老板无疑就是这个团队的大脑，而老板的大脑则是调配这个有机体的出发点。如果这个大脑一会儿东一会儿西，四肢就会“群魔乱舞”，再有力量也是无用之物；如果这个大脑深思熟虑，有定力，再平凡的四肢也能展现刚劲有力之姿。

对于一家创业公司而言，最重要的是正确的方向，灵活高效的执行力，快速的纠错能力，强大的风险控制能力。这些素质都必须集中体现在创始人的身上。所以，考察这位老板的大脑是非常必要的。一方面他需要具备敏捷、全面、深刻的思维网络，另一方面他需要极强的迭代能力。这样才能保证他可以在更短的时间内比别人更深刻、更全面地理解事物，保证能够在纷繁复杂的局面当中随机应变，保证方向的正确性。现在是一个信息爆炸的时代，如果他能够在无限冗余的信息当中静下来，对自身创业的领域考虑得更深、更远，始终走在同行前面，那么他将会有更大的机会胜出。作为追随者，我们的努力也将有机会获得加倍的回报。

4. 看心：警惕“聪明人陷阱”

聪明人最该警惕的，恰恰是自己的聪明。

对于不够聪明的人来说，选择往往是局限的。因此不得不在一个方向上慢慢凿，方向对了反而别有洞天。

对于非常聪明的人而言，选择往往十分丰富。因为其能力可以驾驭的事物太多，所以遇到诱惑，反而未必有十足的决心做取舍。

当我们遇到一个聪明而想法太多的老板时，一方面我们会为他的聪明所感染，另一方面，我们所共同进行的事业却未必能够持久坚持。**因为捷径属于聪明人，机会属于聪明人，变化属于聪明人，唯独困难不属于聪明人，当他面临一个困难的时候，同时也会面临一些诱惑，这个时候并非每个人都会选择那条更艰难的路。**

因此，越是聪明越是需要守拙的素质来呵护恒心。如果做不到专注，那么很容易陷入三心二意的旋涡，以至于每件事情看起来都不难，每件事情似乎都有得干，最终结果却无法像一把尖刀，把资源用在刀刃上，让整个团队在竞争当中脱颖而出。频繁的心猿意马也会动摇军心，把一个紧密团结的部队变成各怀心思的散兵游勇，在注意力越来越分散的过程中，耗尽整个团队的竞争力。

老板是专注的，公司才能是专注的，这样才能在资源有限的情况下，大大提升胜出的概率。

5. 看行：万丈高楼平地起

如果老板不能做到知行一体，那么以上全废。

对于创业，做成才是最大的公平。

如果老板提出的计划总是无法真实有效地兑现，那么会让事情成功的概率逼近为0。**任何一家伟大的公司都是从一个想法开始的，也是从无数冗杂、琐碎、艰难的执行当中脱胎的。**

最好的团建不是吃吃喝喝、称兄道弟，而是带着大家打胜仗。说一件，做一件；做一件，成一件。这才是一个好的创业老板的基本修养。

所以，真正能成事的人，反而是聪明的“笨”人，是极度理想主义与极度现实主义的结合体。像是心怀使命一路向西的唐玄奘，又像是带着门徒奔赴迦南的摩西。他们充满智慧，却不屑于投机取巧；他们心怀理想，却又无比现实；他们极度疯狂，却又极度确定；他们的理想并非滔滔不绝，却能用脚步丈量出一段属于真理的路。

03

提升贵人缘：向上建立高阶关系

我曾经发布过一个关于如何与大佬建立社交关系的视频，很快就有了近百万的播放量，可见在当前社会，如何向上建立社交关系是很多人关心的。我随即收到了各种私信，说自己在工作场合能够见到各种大佬，但是他们完全不会认真看自己一眼，对于建立一种有强连接的向上关系，到底该如何操作？

在这个时代，大佬二字似乎已经被恶俗化了，我也不提倡没有个人能力却本着攀附的目的盲目“抱大腿”。对于很多习惯了与同辈打交道的职场人而言，与社会地位差距较大的人打交道似乎是一个难点。从视频的播放量与反馈中也可以看出，大多数人都很期待自己的事业之路上有贵人提携，让自己的实力得以更好、更快地发挥。那么本节我们就来聊一聊如何提升自己的贵人缘——与大佬建立高阶关系。

所谓大佬，是指个人资源与社会地位远高于你的人。对于一个正在求职的在校大学生而言，差距甚小的职场基层不是大佬，而决定你是否能够进入公司的职场中高层的人可以算作大佬。对于一个职场中层而言，你的顶头上司不算大佬，公司的一把手或者在行业内叱咤风云的大老板才算大佬。因此，大佬是一个相对的身份概念。随着个人的成长与积累，自己的世界里可以被称作大佬的人，数量会不断缩小，同时也会因为自身能力的提升，成长为某个领域他人眼中的大佬。

你与大佬在社会资源和社会地位上往往是非常不对等的，不对等到交集的空间极为狭小，更勿言有合作的机会。

但是社会上永远存在几类人：

非常幸运的人。创业或进入职场不久，就有大佬顺手提携，让自己有意无意间坐上了“火箭”，成为别人眼中的人生赢家。

非常积极的人。特别喜欢穿梭于各种饭局与大会之间，加微信、拍照片，试图跟更高阶的人交朋友，和别人聊天张口闭口就是：“我有个朋友……”

非常认命的人。觉得圈子不同，何必强融。有此类想法的人在我的视频评论区也占据一定的数量，他们认为大佬之所以是大佬，是因为根本不需要你。

没有人会拒绝幸运，但是大多数的幸运都不是天上掉的馅饼，而是包裹在幸运外皮下的一种实力。这种实力并不像工作技能，有步骤、可量化，更像一种做人的艺术。这种艺术的核心就是我在之前章节所讲的——交易思维，只有双赢得益，才是任何合作长期运行的基础。地位悬殊并不代表不能做到双赢，关键在于彼此间是否形成了有效的价值交换。就像鳄鱼与牙签鸟一样，鳄鱼需要牙签鸟帮助它清除口中的食物残渣，牙签鸟则需要鳄鱼齿缝间的肉屑果腹。如果我们能找到两全其美的连接点，向上建立高阶关系自然不是难事。鳄鱼嘴里的残渣剩饭，足以让牙签鸟免去舟车劳顿，养得膘肥体壮。

切入关系，找到匹配的价值连接点

在创业之初，我的营销公司主打品牌年轻化 + 内容营销，为了增加更多的企业客户，我经常参加一些活动为自己的公司宣传。后来在一次校友会结束之后，我接到某大型公司市场部的电话，想让我们给他们做一个传播方案。我很奇怪他们为什么会突然联系到我，于是，我问他们是怎么了解到我们公司的。他们说："我们老板说你们公司不错，让我们跟你谈谈。""哦哦，好的。"我一边应付着打来电话的女士，一边心里嘀咕着"你们老板是谁啊"。电话里聊罢，我就去这家公司的网站上检索，才发现他们的老板恰好是我的一位校友。于是我在校友群里加到了这位老板的微信，衷心对他表示了感谢。一周后，我们公司很认真地出了一份合作方案，同时给了他们一个明显低于市场价格的报价，很快得到了他们的认可，启动了合作事宜。在执行这个项目的过程中，我安排团队兢兢业业工作，力求做出最好的成果。半年后这位校友又联系到我，说自己刚买了一家新公司，问我是否能够继续给他的公司做一个品牌传播方案，长期合作。

通过一次连接点，找到了合作的机会，再通过合作中的展示，向对方证明了我们的价值，从而找到了连续合作的契机。通过这样的合作，我与这位地位悬殊的校友成了熟人，但凡品牌传播类的事宜，他都会咨询一下我的意见，他们家族内部的一些 VI（视觉识别系统）设计也会找到我。再后来每次见面，他都会站在一个过来人的角度，在做人做事方面给我一些点拨，指出我需要改进的地方，很多建议都是非常精准、深刻的。很多道理我们不是天生就懂，如果没有高段位的人指导，可能需要更久的时间才能领悟。

社交关系的建立，往往都是以价值为出发点启动的：我觉得这个人挺懂行的，也许找他比较有效；我觉得这个人办事非常高效，让他做应该相对牢靠；跟这个人沟通很舒服，也许做朋友是个不错的选择。我们在社交当中都非常乐于建立那些高价值、低风险的关系。这个价值可能是实际或者潜在的经济价值，也可能是让我们的精神世界充满饱足感的认知价值，还可能是令我们如沐春风的情绪价值等，所有能够让我们自身得益的价值点。而风险则譬如，这个人人品不太好，跟他合作可能会被坑；这个人的口风不严谨，跟他相处容易“好事不出门，坏事传千里”；这个人的能力不足，老是掉链子，事情交给他没有任何安全感；等等。所有有可能给他人挖坑的个人特质，都是他人在选择是否与我们合作，甚至长期相处时考虑的潜在风险。

高价值、低风险的逻辑体现在任何一段社交关系中：我们寻找伴侣，希望对方对我们忠诚、关爱，甚至可以共同创造经济价值，任何的风险性因素都会影响我们的选择；我们在孩提时代期待父母给予我们更多的关爱与付出，任何忽略、否定、远离我们的迹象都会影响我们安全感的满足。即便一个彻头彻尾的坏人，也会期待建立高价值、低风险的关系，这是我们的本性。

因此，很多人都希望得到贵人提携，在重要的时刻推自己一把，但是如果你无法体现出自己的宝贵之处，是很难遇到贵人的。自贵者，人贵之；欲取之，先予之。寻找机会、创造机会，让他人看到自己的价值所在，才是培养贵人缘的最好途径。

没有人是完人，所有人发展的路上都需要与他人合作。曾有粉丝私信问我，如何请大佬吃饭、喝咖啡，认为这样可以混脸熟，建立关系。但是没有目的的连接往往难以创造价值，与其强融硬上，不如退而寻求契机。在大佬的世界里，时间是用来创造价值的，所以在建立关系之初寻找到价值连接点是至关重要的。同时，在双方资源位差异巨大的时候，资源位低的应先低头，你必须向对方证明，你比其他同水平的人更值得用。人们总想从比自己资源位高的人身上获取些什么，但是鲜有人意识到，心胸宽广地付出，本身就是一种稀缺的、令人尊重的能力。只有你证明了自身的实力，建立了一种关于供需的默契，才能让你们拥有更加长期的、具备尊重的合作关系。

想得到强者的赏识，先要成为强者的同路人。

深化合作倚赖，成为他某个价值链条上最好用的人

上一点当中提到了高价值低风险关系，我们可以沿用这种逻辑持续地对关系进行深化，建立不可替代性更强的紧密关系。简而言之，就是成为大佬某个价值链条上最好用的人。

想做到这点，务必需要关注三个重点：

1. 预期管理

虽然我们每个人都是生动而复杂的，但是在别人的眼里往往是简单的，简单到用几个标签就能彻底定义。譬如，张三吃

苦耐劳，做事踏实，特别适合做执行；李四心眼儿很活，会说话，适合做销售；王五不靠谱，给他安排的活儿没有几次踏踏实实地完成的。虽然张三、李四、王五都是活生生的人，可能在生活当中有趣、幽默、善良，有各种爱好和追求，但是一旦把他们放在别人眼里，都会变得简单到只剩功能性，这种功能性往往是从评价者的角度提出的。所以，当我们与别人合作的时候，不要期待别人看到我们所有的优点，对方很难有这样的耐心观察、理解我们，我们需要做的是让对方从我们身上提炼出一些对他最有价值的特质。

对于社会地位悬殊的社交关系而言，我们在对方的眼里最重要的特质就是，能办事，能成事。能办事在于当下的价值，能成事在于未来的预期。就像史玉柱说过的一句话："什么叫人才？就是你交给他一件事，他办成了，你又交给他一件事，他又办成了。"阶层愈向上，马太效应愈明显，你在社会底层呼天抢地很难办到的事，在更高的阶层可能一个电话就能解决，阶层与阶层之间具备效率的明显分化。因此，如果要建立向上的关系，一定要在行为效率上向上靠拢，让他们得到的永远是满意。

满意并非是一味的迎合，而是负责任的预期管理。就好像父母承诺给孩子 5000 元压岁钱，但实际上只给了 2000 元；承诺给 1000 元，实际上给了 2000 元。虽然两种结果都是 2000

元，具备同样的购买力，但是前者给孩子带来的是失落、怨怼，后者给孩子带来的是惊喜、开心。我们每个人从小都是在预期和成果的波动中理解世界的。如果我们总是能够超越他人的预期，那么他人对我们的评价往往会比我们的实际水平还要高。因为超预期这件事情让他人感受到了满足与惊喜，他人对我们的能力也倾向于有更大的积极正向的想象空间。两个能力完全相同的合作伙伴，不擅长预期管理的和擅长预期管理的，会在我们心中产生完全不同的评判结果。高开低走，不擅长预期管理，会让我们感到对方给自己捅娄子、添堵；而擅长预期管理，会让我们觉得对方行事稳健，合作中充满安全感。这种情绪变化的规律，再强大的人也不例外。

因此在合作的过程当中，我们一定要向对方设立合理的预期，甚至提前告知风险，而不是为了当下的场面夸大自己的个人能力。因此，当我们能够做 100 分的时候，给他 80 ~ 90 分的预期即可，但是当我们正式执行的时候，要朝着 120 分的目标进发。唯有这样，他在我们这里得到的才能总是满意，只要是人，都喜欢惊喜，总是超乎预期才能得到合作的升级。

2. 脑回路同频

很多人都说，越是大人物越是没脾气，越是小人物越是脾气大。其实这完全是一个片面的误读。如果一个人一路奋斗，不是对自己苛刻，不是对自己压榨，不是对事情高要求，如何能成为大人物？大人物自身的发展过程注定了其内在长期充满了不满意与不满足，才能逼迫自己发奋。因此，很多大人物不仅脾气不温和，而且脾气很大，这源于他们内在对事物强烈的控制欲与高要求。亲切的态度一方面是自身体面的必需，另一方面有助于降低对方的被压迫感。这种行为更多的是一种礼貌，而非性格的真相。

对于大佬而言，不怒自威是常态，身边人能办事的人自然能办事，不能办事自然从内心的名单中划去，整个过程甚至不动声色。因为地位、资源悬殊，完全没必要对一个手无寸铁又胸无大志的后生发火。你做不到，我下次不用便是。在你还来不及体会他的失落时，未来的机会就已经消失了。所以古人说辅佐皇上是“伴君如伴虎”，其背后表达的是做事高标准严要求，及时地揣摩上意才是对方想要的。做大佬的秘书是非常锻炼人的，因为你必须长期模拟大佬的脑回路与出发点，用大佬的标准来帮他解决问题。

因此，与大佬的密切合作源于你对他深刻的理解。

大佬之所以是大佬，不是因为他比你更擅长编写 Excel 表，而是因为他的思维深度与格局远远强于你。而所有人都喜欢与自己同一个频道的人沟通，如果你的思维格局较低，就好比他在山顶，你在山腰，说话要靠喊，效率太低。如果你能理解他看问题的高度与出发点，那就好比你们同在山顶，沟通的过程更像自己人，只有像自己人，才有资格做左膀右臂。

因此，在共事与合作的过程中，大佬在观察你，你也在观察大佬，他观察你是在看你是否得用，你观察他是在看他想让你为他做什么。只有你能替他想到他关心的事，你能替他解决他担忧的事，你能替他网罗他想做的事，才能让他发自内心地信赖你，觉得你是与他共同进退的可用之才。

3. 忠诚、忠诚，还是忠诚

中国有句老话：木秀于林，风必摧之。这句话仿佛是在教人们不要出头，但是换个角度理解就是，你想要出头，就必须明白风会摧残你，你必须承受中途折断的风险，才有可能达到你预期的高度。因此，能成为大佬的人，必然“木秀于林”，在人生中挺过了不少的摧残，而在经历了“风必摧之”之后，疑心加重是很正常的事。这也是为什么很多老板“眉毛胡子一把抓”，不愿意授权，因为被曾经信任的人坑多了，宁可自己辛苦一点来规避那些令他痛苦的风险。所以，大佬身边的重臣未必能力齐天，但一定是忠心耿耿。

有的人看到一些大佬的身边的助手常常会想，他这个能力也配坐这个位置，挣这个收入？也许他的能力确实不值这个钱，但是他的忠诚度可能超越了这个钱的价值。没有人放心把一些重要资源交给一个朝秦暮楚的人，稳定性本身就是风险的反面，非常值钱。曾国藩花了一辈子研究相面，也不过是为了规避看错人的风险。因此，对于大佬们来说，追随者的忠诚性甚至是比能力更重要的存在。

在“高处不胜寒”的环境下，忠诚是最大的暖意。试想，你手握资源与金钱的时候，如果身边有那么一个知心但不多嘴、能干但不邀功、上进但不唯利是图的人是多么可贵，这一切都会让你充满安全感，更愿意把你手里的资源授予他来安排。

深度关系的秘密：让他做你的恩人

16 世纪的意大利政治家马基雅维利[㊀]说过：**“施恩和受恩一样都使人们产生义务感，这是人之天性。”**当时的他发现，当一座城市被围困了数月之后，当人们在城中经历巨大的艰辛困苦时，当他们为了保卫国王而经历着恐惧与饥饿的煎熬时，他们对于国王的忠诚不是减少，而是进一步加深了。为了保卫国王，他们已经牺牲了自己的房屋与地产，在这种丧失一切的状况下，他们反而不像刚开始一样在意得失了，而是对自己行为发生了更加神圣的解读，对于保卫国王产生了更加强烈的义务感。

㊀ 尼可罗·马基亚维利（Niccolò Machiavelli，1469—1527），又译尼科洛·马基雅维利，意大利政治思想家和历史学家。1469 年诞生于意大利佛罗伦萨。其思想常被概括为马基雅维利主义。

在人际关系当中，人们并不会介意自己被别人所用，反而会介意自己不被重视。当我们善于向对方求助的时候，也是给了对方一次展示优越感与被重视感的机会。这样的行为只要往来得当，能够让我们在对方心中占据一个更近的位置。所以，本杰明·富兰克林曾说："如果你想交一个朋友，就请他帮你一个忙。"

因此，面对大佬，如果你想要建立一份更近的社交关系，不妨鼓起勇气，让他帮你一个忙。这个忙能让他认为，他在你的心中足够特殊，足够被重视，也让他未来再找你办事，有了更为可靠的机缘。

那么究竟怎样求助，才能让关系更进一步呢？

1. 说出你具体需要的帮助，以及这项帮助对于你的意义

我在曾经的求职过程当中，求职网站只占我简历投递渠道的 50%；剩下的 50% 是我认为的更加高质量的私人渠道，比如，比较近的就是我的微信好友，我选择把自己的简历发给微信好友里颇有行业资源与势力的前辈，比较远的就是直接去社交网站上发私信给心仪公司的 CEO。只要语言得体、简历合格，第二种方式的回应率非常之高，老板的亲自回应不仅比手下的人力主管更加热情，而且更为认真，相比人力主管推给他的这些候选人，他反而会对直接求助于他的候选人报以更多的期许。

在私信这些前辈与大佬前，我会打好草稿，除了基本的礼貌用语与问候外，这些草稿至少包含了四个方面：

我的需求。我需要您帮助我什么，开门见山，绝不遮遮掩掩，让对方第一眼就能看明白我找他做什么。

我的状况。我会很明确地介绍我自身价值与目标职位之间的关联度，以及我情感上对于这个职位的渴求。

我为什么找您帮忙。我并非因为找不到工作，走投无路而想找您帮忙，而是在对您的过往了解之后，对您的一切深感认同，因此我愿意把我最为重要的一份需求分享于您，不知您是否愿意稍微提携一下，创造一个小小的机会。

真诚的感谢。这部分必不可少，甚至可以加一句“我知道您很忙，如果您来不及回复也没有关系的”，以减轻对方被托付的压力感。

2. 充满认可，而非充满歉意

很多自尊心强烈的人在求助的时候是充满压力的，因此向别人求助的时候表达的歉意满满。仿佛并不是因为认可对方的能力而需要求得对方的帮助，而是走投无路所以才想起让对方帮助自己。

我们可以对比如下两种求助模式：

(1) 我一直觉得您是这方面的权威，您所有的观点我都了解过，受益匪浅，所以想请求您在方便的时候指点一二，不胜感激。

(2) 我实在是想不出来该怎么办了，只好找您了，我要真有其他的法子，也不会找到您头上的。

虽然我们看到两种求助的时候往往都会选择帮助对方，但是第一种是抱着一种很愉悦、被尊重的感受来帮助对方的；第二种不仅会显得求助者能力很弱，而且像是对被求助者的一种道德要挟，让对方陷入了一种不得不帮你的场景，对方虽然可能会帮你，但是感受不到快乐，而像是背负着一种不得不承受的压力与责任。

如果通过第一种方式建立了关系，一来二去很容易形成长期的交流；而第二种更像是走在大街上突然被人抱住了大腿让帮忙，是一种不得不发生的救济，因此很难有一种快乐、愉悦的氛围维持长期关系。

3. 保持反馈，让对方感到自己的价值

假如你出于爱心，捐助了两名贫困山区的女童，两人做出如下两种反馈，你会愿意持续为谁付出？

A 女童回应：非常感谢您的捐赠！

B 女童回应：谢谢姐姐的捐赠，过往的冬天我都是打赤脚走在山间上学的，因为您这次的捐助，我拥有了人生中第一双

运动鞋，真的好开心啊！原本两个小时的山路现在一个小时就可以走到了；也因为您的捐赠，我第一次读到了外国名著，我最喜欢的书是罗曼·罗兰的《约翰·克利斯朵夫》，我以后也想成为一个英雄，能够帮助很多像我一样，在幽深的寒冷中依然拥有梦想的人。

A 女童的回应是一种普遍性的正常回应；B 女童的回应则不同，她描述了你的帮助给她带来的价值。实际上我们帮助他人的过程就是在实现自我价值，对方对于这种价值和意义的表达，能够强化我们做出这种行为时的意义感与愉悦感，是一种非常强烈的正反馈，从而更容易调动起我们继续帮助的行动。

在求助的过程当中依托这三种原则，能够更容易让对方享受帮助的过程，感受到这份帮助的意义与价值，从而加强对于双方关系的认可。当你能让某位大佬成为你的恩人时，要给他心目当中形成的印象比你给予他很多帮助还要深刻。因为对于他而言，生活当中每天都会有愿意为他锦上添花的人，这些人并没有什么稀奇之处，而你向他做出的求助，让他有机会扮演一个无私的人，高尚的人，别人心目当中不可或缺的人，看似是他在帮助你，实际上是你帮助他完成了一种美好体验。我们所有的良性关系都是充满了美好体验的，你们的关系也会因为这份体验而更加紧密，充满信任。毕竟，**成为别人生命中的贵人与恩人，也是自己莫大的尊荣。**

后　记

从他人选拔到自我定义，寻找属于自己的终极自由

距离首尔 90 公里外的洪川郡有一处监狱酒店，每个房间只有 5 平方米，仅提供满足人基本生存需求的最基础的设施，入住的客人们就像进入监狱一样，必须换上统一的衣服、主动交出手机、断绝与外界的联系。入住房间后，房门将被工作人员反锁，所有的餐食由工作人员定时配送，每一位入住的客人都过着像坐牢一样的生活。

这种听起来令人发指的生活方式，却让繁华都市里的人们趋之若鹜。他们专程从城里驱车来到这家酒店，体验少则两天多则七天的牢狱生活。很多人表示，在这里虽然短暂地丧失了自由，但是却脱离了那些纷繁复杂的搅扰和牵绊，让自己在被“监禁”的时光里，得以十分奢侈地与自己独处，精神世界因为“监禁”而获得了更大的自由。

生而为人，我们想要在社会上更好地生存，就必须进入各式各样的牢笼，但是为了理想中的生活，又必须打破各式各样的牢笼。我们出生前缱绻在母亲的腹中，去世后束缚在方寸间

的骨灰盒里，我们的一生都是被约束的一生，亦是寻求自由的一生。这些自由包括了我们的情感、我们的事业、我们的财富，以及我们精神世界的终极自由。自由，始终是一种与生命共存，又高于当下生命的感受。

从出生到长大，从校园到职场，从恋爱到家庭，我们始终在他人定义的标准当中被选拔、被定义、被要求，我们的“镣铐”上面写满了被这个社会所认可的荣耀和自我挣扎带来的裂痕。然而，我们的人生毕竟是属于自己的人生，你是否想过，如果抛却了外部的所有定义，自己到底是谁；如果有一天不以自己的人生经历、工作职位、家庭关系、社会关系作为标签，我们又该如何定义自己；如果有一天自己垂垂老矣，在病榻之上看夕阳西下，我们又该如何定义自己的一生；我们拥有的人生是自己主动选择的吗；我们选择的一切都让我们对自己更满意了吗；我们所经历的人生多是出于积极意愿还是被迫接受的；我们所做的一切是否曾让这个世界有一点点不一样……

有些幸运之人，在少年时代就洞悉了自己此生的使命，因此早早地走在一条正确的道路上，在很年轻时就开始发热发光；有些人需到中年阅尽千帆之后，人生的海面上方才浮出路标。但无论何时，当我们开始挖掘自己、驾驭自己，并且忠于自己深思熟虑之后的自我意志时，就一定会发现未来的生命因此而变得不同：我们的一切选择都不再像曾经一样困难，我们所做的一切努力都发乎于本心，我们的一切成就都是自我意志的延伸，我们迈进的每一步都会通向更大的自由。

人们总是忙着努力，忙着放弃，却很少分析自己的努力与别人的努力之间是否通向同样的彼岸。如果我们只是在匆忙中盯着自己的同类、迎合着社会的要求、困顿于外部世界给我们制定的标准，只是永远等待被选拔、被认可、被接纳、被喜爱、被录用，那么这样的人生永远都没有掌握在自己的手中，我们就只能在无限的规则当中争取局限的人生。

每个人的一生都是独特的，都是自我意志由内而外的延伸，只有当我们真正地解读了属于自己的现实、驾驭了那些可以让自己发光发热的欲望、在形形色色的同类中找到属于自己的最佳区位、在日复一日的实践当中探索了自己天赋的极限，我们才可能明白自己的边界在哪里，自己应当向哪里去，才不会因为这条道路而忐忑，也不会因为遇到困难而懊悔，更不会因为与他人的不同方向而感到困扰，因为我们知道，这是真正属于自己的道路。

唯有这样，我们才不会为了任何的短期利益与安逸而委曲求全或逃避；不会把人生的希望寄托在任何其他的人与物身上；不会随波逐流成为他人意志的木偶，而是由内而外，由外而内地信任自己。像风、像雨、像海、像太阳，坚持自己引以为豪的属性，过属于自己的一生。

站在二三十岁的十字路口，我们通向的未来一定叫作自由。我们不断地接受被选拔、被定义，是为了有朝一日在属于自己的路径上，自己定义自己。

书中所讲内容都和人生的进取有关，希望你能从本书中得到启发，成为“自己”这家公司最好的 CEO。当我们能够把自己拥有的所有资源运用到极致的时候，就已经拥有了最好的命运和最好的人生。

土耳其诗人塔朗吉在诗中写道：

为什么我不该挥手舞手巾呢？

乘客多少都跟我有亲。

去吧，但愿你一路平安，

桥都坚固，隧道都光明。

在未来的人生路上，我们带自己上路，我们为自己送行；我们是自己的旅伴，我们又是自己的主宰。